单片机应用技术项目教程
——基于Keil C51与Proteus设计与仿真

张 静 武 艳 黄晓峰 彭远芳 编著

清华大学出版社
北京

内 容 简 介

本书包括8个项目,通过具体项目涵盖单片机I/O端口控制、显示接口与程序实现、独立式/矩阵式键盘接口与程序实现、外中断应用、定时器/计数器中断、串口中断、A/D及D/A典型应用。在项目案例中,将项目分为硬件设计和软件设计两项任务,每项任务均包含任务目标、实施方法与步骤、操作技巧等,结构清晰。

本书既可以作为高职电子信息类、自动化及机电类专业"单片机应用技术"课程的实训教材,还可以作为毕业设计参考书、大学生创新项目单片机技术的自学用书,或电子设计爱好者自学用书,并为从事中/高职单片机课程教学的教师提供教学案例及教学方法。

本书封面贴有清华大学出版社防伪标签,无标签者不得销售。
版权所有,侵权必究。举报:010-62782989,beiqinquan@tup.tsinghua.edu.cn。

图书在版编目(CIP)数据

单片机应用技术项目教程:基于Keil C51与Proteus设计与仿真/张静等编著. —北京:清华大学出版社,2023.7
ISBN 978-7-302-63023-4

Ⅰ.①单… Ⅱ.①张… Ⅲ.①单片微型计算机-高等学校-教材 Ⅳ.①TP368.1

中国国家版本馆CIP数据核字(2023)第043791号

责任编辑:孟毅新
封面设计:傅瑞学
责任校对:刘 静
责任印制:沈 露

出版发行:清华大学出版社
    网　　址:http://www.tup.com.cn,http://www.wqbook.com
    地　　址:北京清华大学学研大厦A座　　　　邮　编:100084
    社 总 机:010-83470000　　　　　　　　　　邮　购:010-62786544
    投稿与读者服务:010-62776969,c-service@tup.tsinghua.edu.cn
    质量反馈:010-62772015,zhiliang@tup.tsinghua.edu.cn
    课件下载:http://www.tup.com.cn,010-83470410
印 装 者:三河市人民印务有限公司
经　　销:全国新华书店
开　　本:185mm×260mm　　　印　张:12.5　　　字　数:282千字
版　　次:2023年7月第1版　　　　　　　　　印　次:2023年7月第1次印刷
定　　价:39.00元

产品编号:068280-01

前 言

"单片机应用技术"课程是电子信息类、自动化及机电类专业的核心课程之一,而实训是培养单片机技术应用能力的有效教学手段。党的二十大报告指出"教育、科技、人才是全面建设社会主义现代化国家的基础性、战略性支撑",为我国科技创新和电子技术应用的发展提出了新的要求和目标。本实训教材紧扣国家战略和二十大精神,针对单片机课程实践性和技术性很强的特点,通过实训教学,使学生在已有单片机基础理论的基础上,掌握电子电路的设计、程序设计,以及软、硬件调试等技能,培养学生单片机小系统的设计能力,从而推进数字化、智能化、网络化、信息化的发展进程,为高质量发展做出新的贡献。

本书通过项目案例,阐述单片机小系统的设计思路及实施过程。本书内容包括基础教学内容(如流水灯、数码显示器、水位越限报警装置以及简易数字钟的设计)、知识与能力拓展(如简易数字电压表、简易信号发生器的设计)及综合设计项目(智能避障小车、智能路灯控制系统的设计)。书中内容由易到难,由部分到综合,循序渐进,符合高职学生学习和认知特点。

本书注重设计思路和设计过程,所有项目的硬件部分均包含设计思路、原理图、元件选择及参数计算,软件部分均包括编程思路、程序流程图、具体程序、功能仿真。通过本书的学习,学生能够掌握常用的单片机小系统设计方法。编著者希望建立一种基于单片机的典型电子小系统开发的设计模式,以供学生学习时参考和借鉴。

本书由上海工程技术大学、上海市高级技工学校的张静、黄晓峰和彭远芳,以及苏州经贸职业技术学院的武艳共同编写。张静和武艳负责各项目内容的编写,彭远芳和黄晓峰负责书中各项目的电路图设计和程序调试工作。在资料收集和技术交流方面,得到了编著者所在学校和相关企业专家的大力支持,在此表示诚挚的感谢。

由于编著者水平有限,书中难免有不足之处,敬请广大读者批评、指正。

编著者

2023 年 2 月

目　录

项目 1　流水灯的设计 ·· 1
　　任务 1　一位 LED 灯的闪烁控制 ··· 4
　　任务 2　LED 花样流水灯的设计 ··· 9
　　任务 3　键控 LED 花样流水灯的设计 ··· 13

项目 2　数码管显示器的设计 ·· 19
　　任务 1　一位数字显示器的设计 ·· 19
　　任务 2　键控二位计数器的设计 ·· 27
　　任务 3　键值显示器的设计 ··· 38

项目 3　水位越限报警装置的设计 ·· 43
　　任务 1　水位越限报警装置——越限信号的检测 ·· 44
　　任务 2　水位越限报警装置——越限报警 ·· 48

项目 4　简易数字钟的设计 ·· 57
　　任务 1　简易数字钟——时间信号的产生 ·· 57
　　任务 2　简易数字钟——时间信号的显示 ·· 62
　　任务 3　简易数字钟——时间信号的调整 ·· 74

项目 5　简易数字电压表的设计 ·· 92
　　任务 1　简易数字电压表的信号采集 ··· 93
　　任务 2　简易数字电压表的信号显示 ··· 100

项目 6　简易信号发生器的设计 ·· 115
　　任务 1　简易信号发生器的电路设计 ··· 115
　　任务 2　简易信号发生器的程序设计 ··· 123

项目 7　智能避障小车的设计 ·· 134
　　任务 1　智能避障小车的电路设计 ··· 134

  任务2 智能避障小车的程序设计 …………………………………………… 142

项目8 智能路灯控制系统的设计 ………………………………………………… 149
  任务1 智能路灯控制系统的电路设计 ………………………………………… 150
  任务2 智能路灯控制系统的程序设计 ………………………………………… 157

参考文献 ………………………………………………………………………………… 164

附录A Keil 51 软件使用方法 ……………………………………………………… 165

附录B Proteus 仿真软件使用方法 ………………………………………………… 180

项目 1

流水灯的设计

项目目标

(1) 熟悉单片机 I/O 端口的结构及工作原理。
(2) 学会单片机 I/O 端口的应用。

项目任务

用单片机 I/O 端口控制 LED 灯进行花样显示。

项目相关知识

本书主要涉及 MCS-51 系列单片机,图 1.1 和图 1.2 所示为 MCS-51 单片机的 40 引脚直列式通用结构形式的实物图和引脚分布图。想让单片机工作,必须给它提供电源、晶振和复位,因此,电源电路、晶振电路、复位电路和单片机芯片称为单片机最小系统,其常用电路图如图 1.3 所示。其中,引脚 40 接电源;引脚 20 接地;引脚 18、19 接晶振端;引脚 9 接复位端;引脚 31 接高电平表示单片机先从内部 ROM(如 4KB)读取程序,当超过 4KB 时,就会从外部 ROM 读取程序。单片机最小系统各部分功能介绍如下。

图 1.1 单片机实物图

(1) 电源:为单片机工作提供电压,一般 51 单片机的工作电压为 5V。

(2) 晶振电路:又叫晶体振荡器,其作用是为单片机系统提供基准时钟信号,单片机内部所有的工作都是以这个时钟信号为步调基准来进行的。STC89C51 单片机的(XTAL2)引脚 18 和(XTAL1)引脚 19 是晶振引脚,XTAL1 是片内振荡器的反相放大器输入端,XTAL2 则是输出端,使用外部振荡器时,外部振荡信号应直接加到 XTAL1,而 XTAL2 悬空。使用内部方式时,时钟发生器对振荡脉冲二分频,如晶振为 12MHz,时钟频率就为 6MHz。晶振的频率可以在 1MHz~24MHz 内选择。电容取 30pF 左右。型号同样为 AT89C51 的芯片,在其后面还有频率编号,有 12MHz、16MHz、20MHz、24MHz 可选。例如,AT89C51 24PC 就是最高振荡频率为 24MHz、40P6 封装的普通商用芯片。

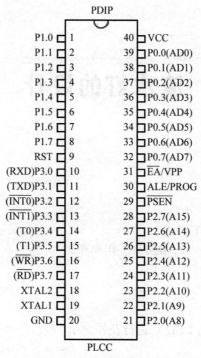

图 1.2　单片机引脚分布图

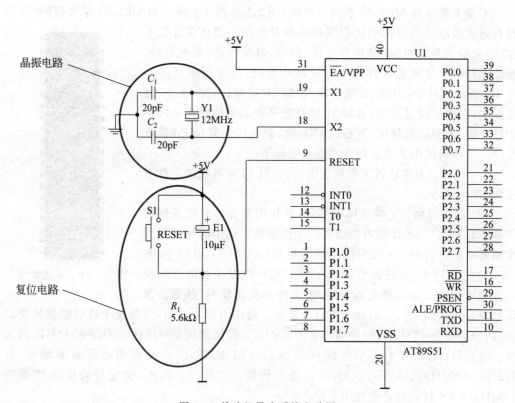

图 1.3　单片机最小系统电路图

(3) 复位电路：在振荡器运行时,有两个机器周期(24 个振荡周期)以上的高电平出现在此引脚时,将使单片机复位,只要这个引脚保持高电平,51 单片机便循环复位。复位后 P0~P3 端口均置 1,引脚表现为高电平,程序计数器和特殊功能寄存器 SFR 全部清零,复位操作不会对内部 RAM 有所影响。当复位引脚由高电平变为低电平时,芯片从 ROM 的 00H 处开始运行程序。常用的复位电路如图 1.3 所示。电路由电容串联电阻构成,当系统上电时,RST 脚将会出现高电平,并且这个高电平持续的时间由电路的 RC 值来决定,典型的 51 单片机当 RST 引脚的高电平持续两个机器周期以上就将复位,所以,适当组合 RC 的取值就可以保证可靠的复位。一般推荐 C 取 $10\mu F$, R 取 $8.2k\Omega$。当然也有其他取法的,原则就是要让 RC 组合可以在 RST 引脚上产生不少于 2 个机器周期的高电平。单片机复位一般是 3 种情况：上电复位、手动复位、程序自动复位。

(4) 单片机输入/输出引脚,包括以下端口。

① P0 端口[P0.0~P0.7]：P0 是一个 8 位漏极开路型双向 I/O 端口,端口置 1(对端口写 1)时作高阻抗输入端。作为输出端口时能驱动 8 个 TTL。对内部 Flash 程序存储器编程时,接收指令字节;校验程序时输出指令字节,要求外接上拉电阻。在访问外部程序和外部数据存储器时,P0 端口是分时转换的地址(低 8 位)/数据总线,访问期间内部的上拉电阻起作用。

② P1 端口[P1.0~P1.7]：一个带有内部上拉电阻的 8 位准双向 I/O 端口。输出时可驱动 4 个 TTL。端口置 1 时,内部上拉电阻将端口拉到高电平,作输入用。对内部 Flash 程序存储器编程时,接收低 8 位地址信息。

③ P2 端口[P2.0~P2.7]：一个带有内部上拉电阻的 8 位准双向 I/O 端口。输出时可驱动 4 个 TTL。端口置 1 时,内部上拉电阻将端口拉到高电平,作输入用。对内部 Flash 程序存储器编程时,接收高 8 位地址和控制信息。在访问外部程序和 16 位外部数据存储器时,P2 端口送出高 8 位地址。而在访问 8 位地址的外部数据存储器时其引脚上的内容在此期间不会改变。

④ P3 端口[P3.0~P3.7]：一个带有内部上拉电阻的 8 位准双向 I/O 端口。输出时可驱动 4 个 TTL。端口置 1 时,内部上拉电阻将端口拉到高电平,作输入用。对内部 Flash 程序存储器编程时,接收控制信息。除此之外,P3 端口还用于一些专门功能,如表 1.1 所示。

表 1.1　P3 端口引脚兼用功能表

P3 端口引脚	兼 用 功 能
P3.0	串行通信输入(RXD)
P3.1	串行通信输出(TXD)
P3.2	外部中断 0($\overline{INT0}$)
P3.3	外部中断 0($\overline{INT1}$)
P3.4	定时器 0 输入(T0)
P3.5	定时器 1 输入(T1)

续表

P3 端口引脚	兼 用 功 能
P3.6	外部数据存储器写选通
P3.7	外部数据存储器读选通

注意：P1~P3 端口在作为输入使用时，因内部有上接电阻，被外部拉低的引脚会输出一定的电流。

任务 1　一位 LED 灯的闪烁控制

任务目标

（1）完成一位 LED 灯控制电路的设计。
（2）完成一位 LED 灯控制程序的设计。

任务内容

（1）一位 LED 灯控制电路的设计。
（2）一位 LED 灯控制程序的设计。

任务相关知识
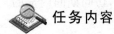

发光二极管简称 LED，是半导体二极管的一种，可以把电能转化成光能。发光二极管与普通二极管一样由一个 PN 结组成，也具有单向导电性。当给发光二极管加上正向电压后，从 P 区注入 N 区的空穴和由 N 区注入 P 区的电子，在 PN 结附近数微米内分别与 N 区的电子和 P 区的空穴复合，产生自发辐射的荧光。不同的半导体材料中电子和空穴所处的能量状态不同。电子和空穴复合时释放出的能量越多，则发出的光的波长越短。常用的发光二极管是发红光、绿光或黄光的二极管。发光二极管的反向击穿电压大于 5V。它的正向伏安特性曲线很陡，使用时必须串联限流电阻以控制通过二极管的电流。限流电阻 R 可用式(1-1)计算：

$$R = (E - U_F)/I_F \tag{1-1}$$

式中，E 为电源电压，U_F 为 LED 的正向压降，I_F 为 LED 的正常工作电流。

任务实施

1．电路设计

打开 Proteus 软件，新建文件并将其命名为"一位 LED 灯闪烁"，单片机控制一个 LED 灯闪烁的硬件仿真电路图(Proteus 绘制)如图 1.4 所示。该电路图在单片机最小系统(此图省略了电源和地)的基础上加了一路 LED 灯，LED 灯的负极连接单片机端口 P0.0，LED 灯的正极通过串联电阻 R_1 连接+5V 电源，当单片机端口输出低电平(0V)

时,有电流流过 LED 灯,LED 灯发光;当单片机端口输出高电平(+5V)时,无电流流过 LED 灯,LED 灯熄灭。因此,LED 灯的亮灭由单片机端口输出电平控制,LED 灯亮灭持续时间由单片机端口高低电平持续时间决定,根据硬件工作原理,可以进行软件程序的编写。

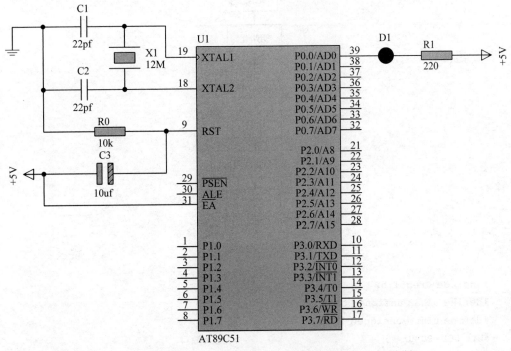

图 1.4 单片机控制一位 LED 灯闪烁仿真电路图(Proteus 绘制)

2. 程序设计

打开 Keil 软件,新建工程并将其命名为 1-1,在工程中添加 1-1.c 文件,如图 1.5 所示。根据图 1.4 所示的硬件仿真电路及电路工作原理设计软件,程序流程图如图 1.6 所示。

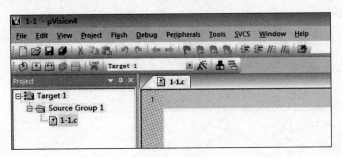

图 1.5 新建项目和 C 文件

程序的设计思路是:根据控制任务,先让 P0.0 端口输出低电平,点亮 LED 灯,延时一段时间,再让 P0.0 端口输出高电平,熄灭 LED 灯,延时一段时间,循环进行。为了程序的可读性和移植性好,程序中将 P0.0 端口定义为 LED,这样可以方便程序的修改和移植,延时和 LED 灯的控制设计为专门的延时函数和显示函数,具体程序代码如下。

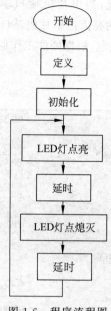

图 1.6 程序流程图

```
#include <reg51.h>
#define uchar unsigned char
#define uint  unsigned int
sbit LED=P0^0;                    //定义端口
void Delay(uint i);               //定义延时函数
void Led_Display();               //定义闪烁函数
void main()                       //主函数
{
   while(1)
   {
    Led_Display();                //调用 LED 显示函数
   }
}
void Led_Display()
{
  uchar i;
  for(i=0;i<2;i++)
  {
    LED=0;                        //P0.0 端口输出低电平,LED 灯点亮
    Delay(30);                    //延时
    LED=1;                        //P0.0 端口输出高电平,LED 灯熄灭
    Delay(30);                    //延时
  }
}
void Delay(uint i)                //延时函数
```

```
{
  uint x,y;
  for(x=i;x>0;x--)
    for(y=1100;y>0;y--);
}
```

任务扩展

(1) 仿真电路图如图 1.7 所示,显示效果为 LED 灯闪烁。

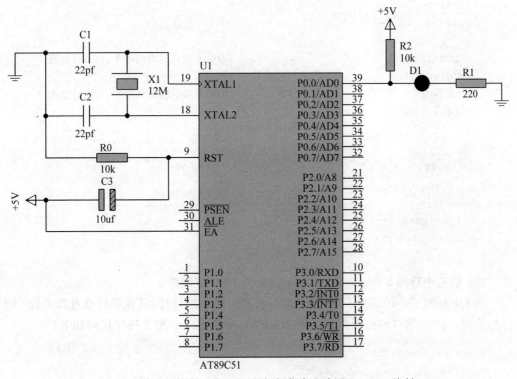

图 1.7 单片机控制一位 LED 灯闪烁仿真电路图(Proteus 绘制)

图 1.7 所示为单片机控制一位 LED 灯闪烁的另一种常用硬件电路设计方法。LED 灯正极接单片机端口,负极通过限流电阻接地。因为 P0 端口作为输出时,输出能力不够,所以要加上拉电阻,提高端口的负载能力。当 P0.0 输出高电平时,LED 灯被点亮,当 P0.0 输出低电平时,LED 灯被熄灭,控制原理跟图 1.4 正好相反,但是程序编写思路仍可以参照图 1.6,具体程序代码如下。

```
#include <reg51.h>
#define uchar unsigned char
#define uint  unsigned int
sbit LED=P0^0;                        //定义端口
void Delay(uint i);                   //定义延时函数
void Led_Display();                   //定义闪烁函数
```

```c
void main()                              //主函数
{
    while(1)
    {
        Led_Display();                   //调用LED显示函数
    }
}
void Led_Display()
{
    uchar i;
    for(i=0;i<2;i++)
    {
        LED=1;                           //P0.0端口输出高电平,LED灯点亮
        Delay(30);                       //延时
        LED=0;                           //P0.0端口输出低电平,LED灯熄灭
        Delay(30);                       //延时
    }
}
void Delay(uint i)                       //延时函数
{
    uint x,y;
    for(x=i;x>0;x--)
        for(y=1100;y>0;y--);
}
```

(2) 仿真电路图如图1.8所示,显示效果为LED灯闪烁。

图1.4和图1.7中LED灯由P0.0端口控制。除该端口外,其他端口也可以进行LED灯的控制。P2.0端口的控制电路如图1.8所示,参照图1.6,相关程序代码如下。

```c
#include <reg51.h>
#define uchar unsigned char
#define uint  unsigned int
sbit LED=P2^0;                           //定义端口
void Delay(uint i);                      //定义延时函数
void Led_Display();                      //定义闪烁函数
void main()                              //主函数
{
    while(1)
    {
        Led_Display();                   //调用LED显示函数
    }
}
void Led_Display()
{
    uchar i;
```

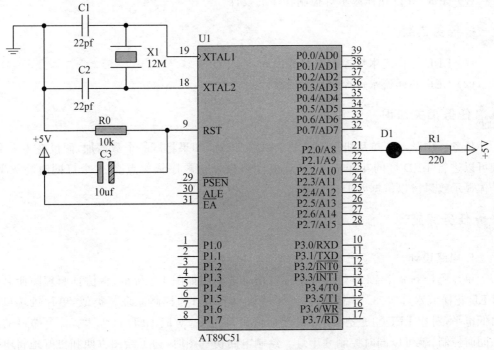

图 1.8　P2.0 控制 LED 灯仿真电路图（Proteus 绘制）

```
    for(i=0;i<2;i++)
    {
       LED=0;                    //P2.0端口输出低电平,LED灯点亮
       Delay(30);                //延时
       LED=1;                    //P2.0端口输出高电平,LED灯熄灭
       Delay(30);                //延时
    }
}
void Delay(uint i)               //延时函数
{
  uint x,y;
  for(x=i;x>0;x--)
    for(y=1100;y>0;y--);
}
```

（3）其他端口的控制原理也一样,请自行练习。

任务 2　LED 花样流水灯的设计

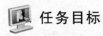 任务目标

（1）完成 LED 花样流水灯控制电路的设计。

（2）完成 LED 花样流水灯控制程序的设计。

 任务内容

（1）LED 花样流水灯控制电路的设计。
（2）LED 花样流水灯控制程序的设计。

 任务相关知识

任务 1 中学习了单片机控制一位 LED 灯闪烁，如果将灯的个数增加，假设变为 8 个，就可以进行 LED 灯的花样显示，如让 8 个灯按一定顺序依次点亮、8 个灯同时亮灭等。具体显示效果可以依据要求自行修改。

 任务实施

1. 电路设计

单片机控制 8 个 LED 灯闪烁的硬件仿真电路图如图 1.9 所示，将仿真原理图命名为"LED 花样流水灯"。8 个端口的控制原理和一个端口的控制原理相类似，单片机端口输出低电平，对应 LED 灯点亮，单片机端口输出高电平，对应 LED 灯熄灭。8 个端口的状态同时控制，就可以同时控制 8 个灯。绘制电路仿真图时，为了绘图方便和更好地将电路分模块，单片机与 LED 灯的端口连接采用网络标号的形式。

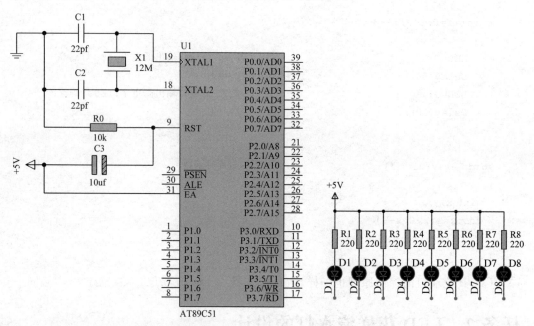

图 1.9　LED 灯花样显示仿真电路图（Proteus 绘制）

2. 程序设计

打开 Keil 软件，新建工程并将其命名为 1-2，在工程中添加 1-2.c 文件，根据图 1.9 所示的硬件仿真电路及其工作原理设计软件,程序流程图如图 1.10 所示。

程序的设计思路是:将 LED 灯的控制放入显示子函数,主程序完成定义和初始化后,循环调用显示子函数。因为要同时控制 8 个灯,如果仍按照任务 1 中的方法,将 8 个端口分别进行定义,程序的编写就会比较麻烦。因此,本程序中将 8 个端口一起控制,先将 8 个灯的状态存入数组,然后直接将数组中的状态数据赋值给 P0 端口,这样 P0 端口中每个端口就能按要求控制 LED 的亮灭,程序代码如下。

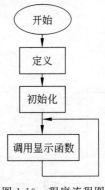

图 1.10　程序流程图

```
#include <reg51.h>
#define uchar unsigned char
#define uint  unsigned int
//定义 LED 灯显示数据
uchar Led_Data[]={0xff,0x7f,0xbf,0xdf,0xef,0xf7,0xfb,0xfd,0xfe};
void Delay(uint i);              //定义延时函数
void Led_Display();              //定义闪烁函数
void main()                      //主函数
{
   while(1)
   {
      Led_Display();             //调用 LED 显示函数
   }
}
void Led_Display()
{
   uchar i;
   for(i=0;i<9;i++)
   {
     P0=Led_Data[i];             //取数组中数据由 P0 端口输出控制 LED 灯显示效果
     Delay(30);
   }
}
void Delay(uint i)               //延时函数
{
  uint x,y;
  for(x=i;x>0;x--)
    for(y=1100;y>0;y--);
}
```

任务扩展

(1) 仿真电路图如图 1.11 所示,单片机端口输出高电平,对应 LED 灯点亮;单片机端口输出低电平,对应 LED 灯熄灭。8 个端口的状态同时控制,就可以同时控制 8 个灯。程序设计思路参照图 1.10。

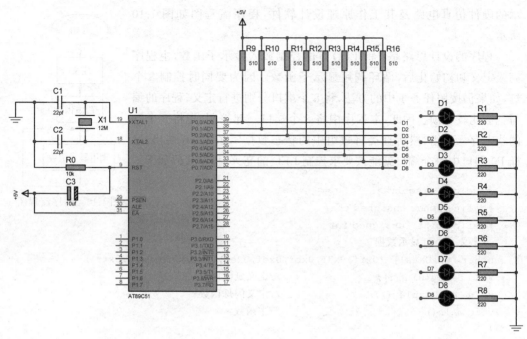

图 1.11　LED 灯花样显示扩展仿真电路图（Proteus 绘制）

具体程序代码如下。

```c
#include<reg51.h>
#define uchar unsigned char
#define uint  unsigned int
uchar Led_Data[]={0xff,0x7f,0xbf,0xdf,0xef,0xf7,0xfb,0xfd,0xfe};
                      /*定义 LED 灯显示数据*/
void Delay(uint i);      //定义延时函数
void Led_Display();      //定义闪烁函数

void main()              //主函数
{
    while(1)
    {
        Led_Display();   //调用 LED 显示函数
    }
}
void Led_Display()
{
    uchar i;
    for(i=0;i<9;i++)
    {
        P0=~Led_Data[i]; //取数组中数据取反后由 P0 端口输出控制 LED 灯显示效果
        Delay(30);
    }
```

```
}
void Delay(uint i)            //延时函数
{
  uint x,y;
  for(x=i;x>0;x--)
    for(y=1100;y>0;y--);
}
```

与前面的程序相比,该程序将显示数组里的数据取反之后再由 P0 端口输出,从而达到控制目的。除了将预存显示数据取反外,还可以根据控制效果,重新编写显示数据,如 0x01 对应 P0.1 输出高电平,其他端口输出低电平,此时 D1 灯点亮,其他灯熄灭,具体显示数据读者可以自行设计。

(2) 仿真电路图(Proteus 绘制)如图 1.9 或者图 1.11 所示,显示效果改为从 D1 到 D8 依次点亮,循环进行。

(3) 仿真电路图(Proteus 绘制)如图 1.9 或者图 1.11 所示,显示效果改为从 D1 到 D8 依次亮灭闪烁一次,循环进行。

(4) 仿真电路图(Proteus 绘制)如图 1.9 或者图 1.11 所示,显示效果改为从 D8 到 D1 依次点亮,循环进行。

(5) 仿真电路图(Proteus 绘制)如图 1.9 或者图 1.11 所示,显示效果改为从 D8 到 D1 依次亮灭闪烁一次,循环进行。

(6) 根据需要,设计其他不同的仿真电路图和显示效果。

任务 3　键控 LED 花样流水灯的设计

任务目标

(1) 完成键控 LED 花样流水灯控制电路的设计。
(2) 完成键控 LED 花样流水灯控制程序的设计。

任务内容

(1) 键控 LED 花样流水灯控制电路的设计。
(2) 键控 LED 花样流水灯控制程序的设计。

任务相关知识

键盘从结构上分为独立式键盘与矩阵式键盘。一般按键较少时采用独立式键盘,按键较多时采用矩阵式键盘。本任务中主要使用独立式键盘。如图 1.12 所示为常用独立式按键的实物图,该按键又称轻触开关,无自锁功能,不按压时按键自动复位。独立式按键的电路连接如图 1.13 所示,当按键没按下时,单片机对应的 I/O 端口由于内部有上拉电阻,其输入为高电平;当某键被按下后,对应的 I/O 端口变为低电平。只要在程序中判断 I/O 端口的状态,即可知道哪个键处于闭合状态。

图 1.12　独立式按键实物图

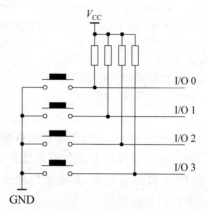

图 1.13　独立式按键连接图

任务实施

1. 电路设计

键控 LED 花样流水灯的硬件仿真电路图(Proteus 绘制)如图 1.14 所示,将仿真图命名为"键控 LED 花样流水灯"。8 个 LED 灯的电路连接与任务 2 一样,一个独立式按键与单片机 P1.0 端口连接。当按键按下时,P1.0 为低电平,当按键抬起时,P1.0 为高电平。因此,在进行程序设计时,主要通过判断 P1.0 端口的电平来进行相应的控制。

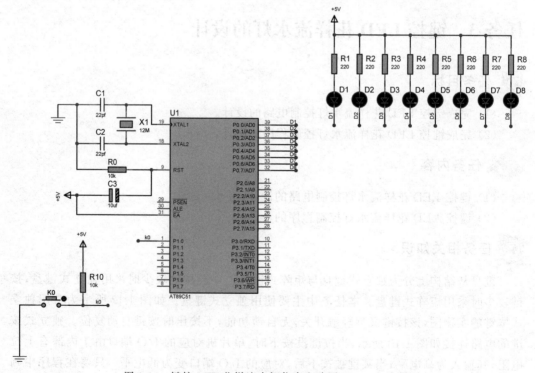

图 1.14　键控 LED 花样流水灯仿真电路图(Proteus 绘制)

2. 程序设计

打开 Keil 软件，新建工程并将其命名为 1-3。在工程中添加 1-3.c 文件，根据图 1.14 所示的硬件仿真电路及其工作原理设计软件程序流程图如图 1.15 所示。

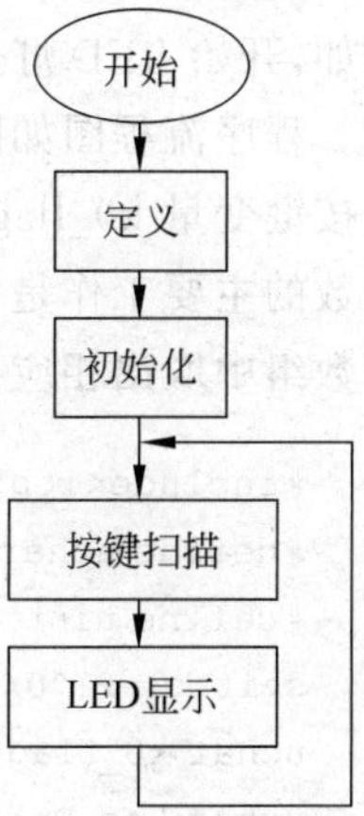

程序的设计思路是：先将 LED 灯的显示状态存入数组，定义一个变量 k0_flag，初值设为 0，主程序循环执行显示函数和按键扫描函数。按键扫描函数的主要工作是每按一次按键，将变量 k0_flag 值加 1，按完 8 次后将变量重新赋值 0；显示函数的主要工作是按照按键变量从显示数组中取出相应数据赋值给 P0 端口，控制 8 个 LED 灯的显示状态。程序代码如下。

图 1.15　程序流程图

```c
#include<reg51.h>
#define uchar unsigned char
#define uint  unsigned int
sbit k0=P1^0;                          //定义按键端口
uchar k0_flag=0;                       //定义按键标志量
uchar Led_Data[]={0xff,0xfe,0xfd,0xfb,0xf7,0xef,0xdf,0xbf,0x7f};
                                       /*定义显示数组*/
void Key_scan();                       //定义按键扫描函数
void Led_Display();                    //定义 LED 灯显示函数

void main()
{
    P0=0xff;                           //所有灯都熄灭
    while(1)
    {
        Led_Display();                 //调用显示函数
        Key_scan();                    //调用按键扫描函数
    }
}

void Led_Display()
{
    P0=Led_Data[k0_flag];              //向 P0 端口送显示数据
}
void Key_scan()
{
    if(k0==0)                          //k0 键按下
    {
        while(!k0);                    //k0 键弹起
        k0_flag++;                     //按键标志加 1
        if(k0_flag==9)k0_flag=0;       //如果 k0_flag==9,则 k0_flag 清零
    }
}
```

任务扩展

（1）仿真电路图（Proteus 绘制）如图 1.14 所示，改变每次按键后 LED 灯的显示效果。例如，开始 LED 灯全灭，按一下按键，LED 灯全亮，再按一下按键，LED 灯全灭，循环进行。程序流程图如图 1.15 所示。程序设计思路是：先将 LED 灯的显示状态存入数组，定义按键变量 k0_flag，初值设为 0，主程序循环执行显示函数和按键扫描函数。按键扫描函数的主要工作是每次按 k0 键将 flag 取反；显示函数的主要工作是按照按键变量从显示数组中取出相应数据赋值给 P0 端口，控制 8 个 LED 灯的显示状态。程序代码如下。

```c
#include<reg51.h>
#define uchar unsigned char
#define uint  unsigned int
sbit k0=P1^0;                    //定义按键 k0 端口
uchar k0_flag=0;                 //定义按键标志量
uchar Led_Data[]={0xff,0x00};    //定义显示数组
void Key_scan();                 //定义按键扫描函数
void Led_Display();              //定义 LED 灯显示函数

void main()
{
  P0=0xff;                       //所有灯都熄灭
  while(1)
  {
    Key_scan();                  //调用按键扫描函数
    Led_Display();               //调用显示函数
  }
}

void Led_Display()
{
  P0=Led_Data[k0_flag];          //向 P0 端口送显示数据
}
void Key_scan()
{
  if(k0==0)                      //判断 k0 是否按下
  {
      while(!k0);                //判断 k0 是否弹起
      k0_flag=!k0_flag;          //按键标志量置 1
  }
}
```

（2）在图 1.14 的基础上增加一个按键 k1 与 P1.1 连接，如图 1.16 所示。查看 k0 和 k1 联合控制 LED 灯的显示效果，例如，开始 LED 灯全灭，按一下 k0 按键，LED 灯全亮，

按一下 k1 按键,LED 灯全灭,循环进行。程序流程图如图 1.15 所示。程序设计思路是:先将 LED 灯的显示状态存入数组,定义按键变量 flag,初值设为 0,主程序循环执行显示函数和按键扫描函数。按键扫描函数的主要工作是若按 k0 键则将 flag 置 1,若按 k1 键则将 flag 置 2;显示函数的主要工作是按照按键变量从显示数组中取出相应数据赋值给 P0 端口,控制 8 个 LED 灯的显示状态。程序代码如下。

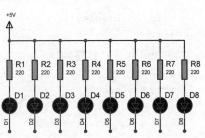
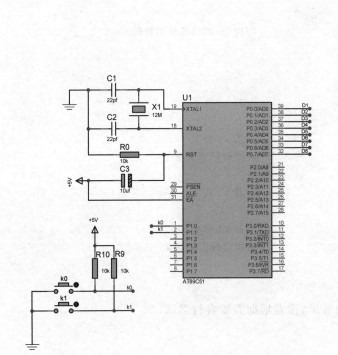

图 1.16 键控 LED 花样流水灯扩展仿真电路图(Proteus 绘制)

```
#include<reg51.h>
#define uchar unsigned char
#define uint  unsigned int
sbit k0=P1^0;                      //定义按键 k0 端口
sbit k1=P1^1;                      //定义按键 k1 端口
uchar flag=0;                      //定义按键标志量
uchar Led_Data[]={0xff,0x00,0xff}; //定义显示数组
void Key_scan();                   //定义按键扫描函数
void Led_Display();                //定义 LED 灯显示函数

void main()
{
    P0=0xff;                       //所有灯都熄灭
    while(1)
    {
```

```
    Key_scan();                    //调用按键扫描函数
    Led_Display();                 //调用显示函数

  }
}

void Led_Display()
{
  P0=Led_Data[flag];               //向 P0 端口送显示数据
}
void Key_scan()
{
  if(k0==0)                        //若 k0 按下
  {
    while(!k0);                    //若 k0 弹起
        flag=1;                    //按键标志量置 1
  }
  if(k1==0)                        //若 k1 按下
  {
    while(!k1);                    //若 k1 弹起
        flag=2;                    //按键标志量置 2
  }
}
```

(3) 按键与 LED 灯的其他控制效果,读者根据需要自行尝试。

项目 2

数码管显示器的设计

 项目目标

(1) 熟悉数码管显示器的结构及工作原理。
(2) 学会单片机控制数码管显示数字的方法。

 项目任务

用单片机 I/O 端口控制数码管显示器显示数字。

 项目相关知识

常用的 LED 显示器有 LED 状态显示器(俗称发光二极管)、LED 七段显示器(俗称数码管)和 LED 十六段显示器。发光二极管可显示两种状态,用于系统状态显示;数码管用于数字显示;LED 十六段显示器用于字符显示。

任务 1 一位数字显示器的设计

 任务目标

(1) 完成一位数字显示器的电路设计。
(2) 完成一位数字显示器的程序设计。

 任务内容

(1) 一位数字显示器的电路设计。
(2) 一位数字显示器的程序设计。

 任务相关知识

1. 数码管结构

数码管由 8 个发光二极管(简称字段)构成,通过不同的组合来显示数字 0~9、字母 A~F、H、L、P、R、U、Y、符号"-"及小数点"."。数码管的结构如图 2.1 所示。数码管分为共阴极和共阳极两种结构。常用的 LED 显示器为 8 段(或 7 段,8 段相较于 7 段多了一个小数点(dp 段)。

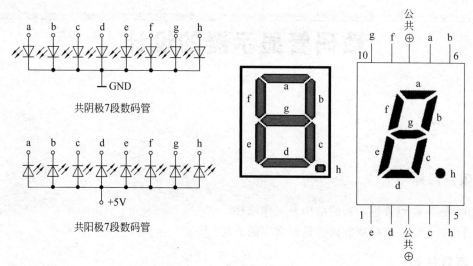

图 2.1　数码管结构图

2. 数码管工作原理

共阳极数码管的 8 个发光二极管的阳极(二极管正极)连接在一起。通常,公共阳极接高电平(一般接电源),其他管脚接段驱动电路输出端。当某段驱动电路的输出端为低电平时,则该段所连接的字段导通并点亮。根据发光字段的不同组合可显示出各种数字或字符。此时,要求段驱动电路能吸收额定的段导通电流,还需根据外接电源及额定段导通电流来确定相应的限流电阻。

共阴极数码管的 8 个发光二极管的阴极(二极管负极)连接在一起。通常,公共阴极接低电平(一般接地),其他管脚接段驱动电路输出端。当某段驱动电路的输出端为高电平时,则该段所连接的字段导通并点亮,根据发光字段的不同组合可显示出各种数字或字符。此时,要求段驱动电路能提供额定的段导通电流,还需根据外接电源及额定段导通电流来确定相应的限流电阻。

3. 数码管字形编码

要使数码管显示出相应的数字或字母,必须使段数据口输出相应的字形编码。字形码各位定义为,数据线 D0 与 a 字段对应,D1 与 b 字段对应……以此类推。如使用共阳极数码管,数据为 0 表示对应字段亮,数据为 1 表示对应字段暗;如使用共阴极数码管,数据为 0 表示对应字段暗,数据为 1 表示对应字段亮。如要显示"0",共阳极数码管的字型编码应为 11000000B(即 C0H),如图 2.2 所示;共阴极数码管的字型编码应为 00111111B(即 3FH),如图 2.3 所示。共阳极数码管字形编码如表 2.1 所示,共阴极数码管字形编码如表 2.2 所示。

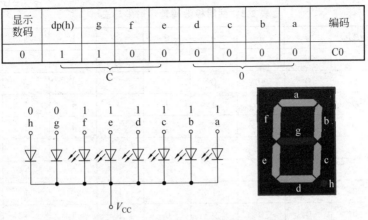

显示数码	dp(h)	g	f	e	d	c	b	a	编码
0	1	1	0	0	0	0	0	0	C0

图 2.2 共阳极数码管字形编码

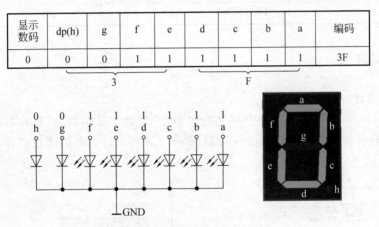

显示数码	dp(h)	g	f	e	d	c	b	a	编码
0	0	0	1	1	1	1	1	1	3F

图 2.3 共阴极数码管字形编码

表 2.1 共阳极数码管字形编码表

显示数码	dp(h)	g	f	e	d	c	b	a	编码
0	1	1	0	0	0	0	0	0	C0
1	1	1	1	1	1	0	0	1	F9
2	1	0	1	0	0	1	0	0	A4
3	1	0	1	1	0	0	0	0	B0
4	1	0	0	1	1	0	0	1	99
5	1	0	0	1	0	0	1	0	92
6	1	0	0	0	0	0	1	0	82
7	1	1	1	1	1	0	0	0	F8
8	1	0	0	0	0	0	0	0	80
9	1	0	0	1	0	0	0	0	90

表 2.2 共阴极数码管字形编码表

显示数码	dp(h)	g	f	e	d	c	b	a	编码
0	0	0	1	1	1	1	1	1	3F
1	0	0	0	0	0	1	1	0	06
2	0	1	0	1	1	0	1	1	5B
3	0	1	0	0	1	1	1	1	4F
4	0	1	1	0	0	1	1	0	66
5	0	1	1	0	1	1	0	1	6D
6	0	1	1	1	1	1	0	1	7D
7	0	0	0	0	0	1	1	1	07
8	0	1	1	1	1	1	1	1	7F
9	0	1	1	0	1	1	1	1	6F

 任务实施

1. 电路设计

打开 Proteus 软件，新建文件并将其命名为"一位数字显示器"。单片机控制一个数码管显示器硬件仿真电路图（Proteus 绘制）如图 2.4 所示。该电路图在单片机最小系

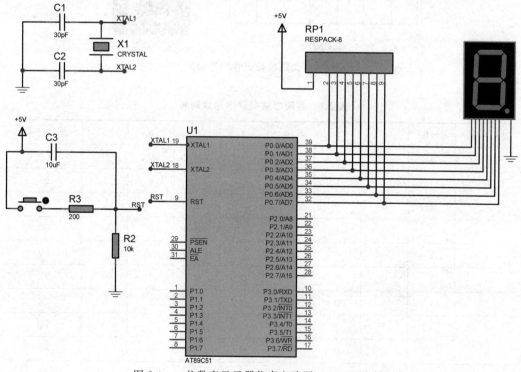

图 2.4 一位数字显示器仿真电路图（Proteus 绘制）

(此图省略了电源和地)的基础上加了一个数码管显示器。数码管选用共阴极数码管,数码管公共端直接接地,8个字段与单片机的 P0 的 8 个端口相连,端口输出高电平时,数码管对应字段点亮,端口输出低电平时,数码管对应字段熄灭,控制 P0 端口输出不同高低电平,从而让数码管显示相应字形。根据硬件工作原理,可以进行软件程序的编写。

2. 程序设计

打开 Keil 软件,新建工程并将其命名为 2-1。在工程中添加 2-1.c 文件,根据图 2.4 所示的硬件仿真电路及其工作原理设计软件,程序流程图如图 2.5 所示。

程序的设计思路是:首先定义显示数组、延时函数和显示函数,然后进入主函数,先进行端口初始化,在主循环里调用显示函数进行数字显示。显示函数的主要任务是将显示数组里的数据按一定时间间隔送到 P0 端口进行显示,每个数字的显示时间通过延时函数控制。编写程序实现数字 0~9 的循环显示,程序代码如下。

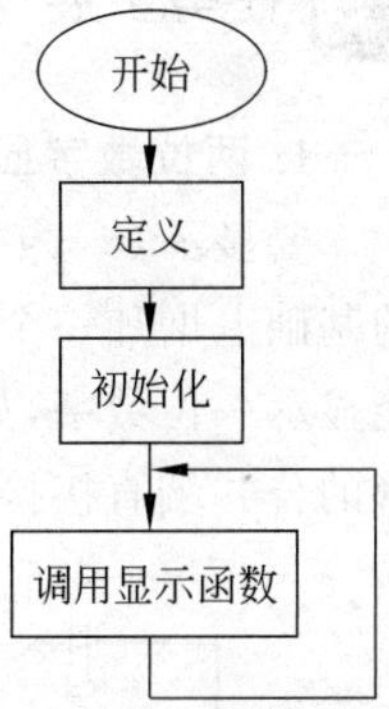

图 2.5 程序流程图

```c
#include <reg51.h>
#define uchar unsigned char
#define uint  unsigned int
uchar Seg_Data[]=
{ 0x3f,0x06,0x5b,0x4f,0x66,0x6d,0x7d,0x07,0x7f,0x6f};
                                    /*数组存放共阴极 0~9 的段码*/
void Delay(uint i);                 //定义延时函数
void Seg_Dis();                     //定义数码管显示函数

void main()
{
  P0=0x00;                          //熄灭数码管
  while(1)
  {
   Seg_Dis();                       //调用显示函数
  }
}

void Seg_Dis()
{
  uchar i;
  for(i=0;i<10;i++)                 //设置循环次数
  {
    P0=Seg_Data[i];                 //向 P0 端口送显示段码
    Delay(100);                     //延时
  }
}
```

```
void Delay(uint i)                           //延时函数
{
  uint x,y;
   for(x=i;x>0;x--)
     for(y=1100;y>0;y--);
}
```

任务扩展

1. 两位数字显示器显示 0～99

要显示 0～99 的数字,必须要有两个数码管分别显示个位和十位数字,因此要在图 2.4 的基础上增加一个数码管,硬件仿真电路图(Proteus 绘制)如图 2.6 所示。一个数码管只能显示一位数字,如果要显示 10 以上的数字,必须将个位和十位拆开分别显示,两个数码管的公共端直接接地,段位线分别接 P2 端口和 P0 端口。

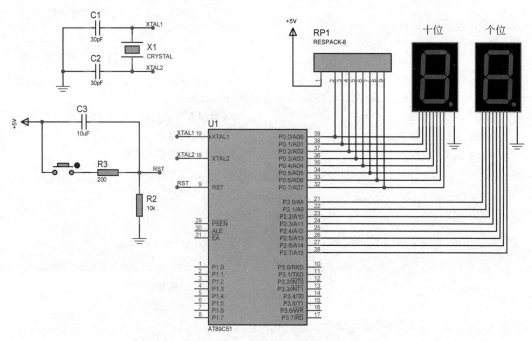

图 2.6 两位数字显示器仿真电路图(Proteus 绘制)

程序设计思路是:开始运行,数码管显示数字 00;每按一次键,数码管显示的数字加 1;显示 99 后再按键,重新显示 00;如果不按键,则数字保持不变。程序流程图如图 2.7 所示,先定义按键端口、按键变量、显示数组、拆字函数、显示函数、按键扫描函数、延时函数,然后进行端口初始化,进入主循环后调用拆字函数、显示函数和按键扫描函数。

拆字函数的主要任务是将显示数据的个位和十位拆开,分别存入数组。显示函数的主要任务是将显示数据送入 P0 端口和 P1 端口显示。当数字显示为 99 之后,数字显示 00,然后循环进行。程序代码如下。

```c
#include <reg51.h>
#define uchar unsigned char
#define uint  unsigned int
uchar Seg_Data[]=
{0x3f,0x06,0x5b,0x4f,0x66,0x6d,0x7d,0x07,0x7f,0x6f};
//数组存放共阴极 0~9 的段码
uchar Dis_Data[]={0,0};               //定义显示数组
long N=0;                             //定义显示数据
void Delay(uint i);                   //定义延时函数
void Seg_Dis();                       //显示函数
void Data_Handle();                   //数据处理,拆字

void main()
{
  P0=0x00;                            //数码管熄灭
  P2=0x00;                            //数码管熄灭
  while(1)
  {
    for(N=0;N<100;N++)
    {
      Data_Handle();                  //调用拆字函数
      Seg_Dis();                      //调用显示函数
      Delay(500);                     //调用延时函数
    }
  }
}
void Delay(uint i)                    //延时函数
{
  uint x,y;
  for(x=i;x>0;x--)
    for(y=110;y>0;y--);
}
void Seg_Dis()                        //显示函数
{
   P0=Seg_Data[Dis_Data[1]];          //送十位数段码
   P2=Seg_Data[Dis_Data[0]];          //送个位数段码
}
void Data_Handle()                    //拆字函数
{
   Dis_Data[0]=N%10;                  //取个位数
   Dis_Data[1]=N/10;                  //取十位数
}
```

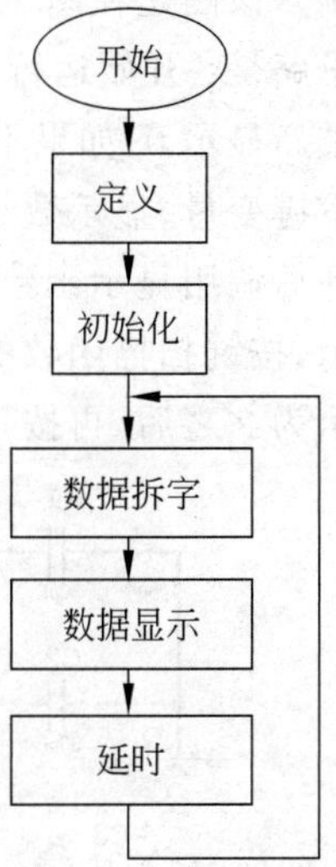

图 2.7 程序流程图

2. 键控一位数字显示器显示 0～9

如图 2.8 所示为按键控制一位数字显示器显示 0～9 的硬件仿真电路图(Proteus 绘

制),该图是在图 2.4 的基础上增加了一个按键 k0,k0 与单片机 P1.0 连接。程序的设计思路是:开始运行,数码管显示数字 0,按一次键,数码管显示数字 1。显示 9 后再按键,重新显示 0;如果不按键,则数字保持不变。程序流程图如图 2.9 所示,先定义按键端口、按键变量、显示数组、显示函数、按键扫描函数、延时函数,然后进行端口初始化,进入主循环后调用显示函数和按键扫描函数。显示函数的主要任务是将显示数据送入 P0 端口显示,按键扫描函数的主要任务是判断是否有键按下,如果按下将按键变量加 1,当数字显示为 9 之后,再按一次键,数字显示 0,然后循环进行。程序代码如下。

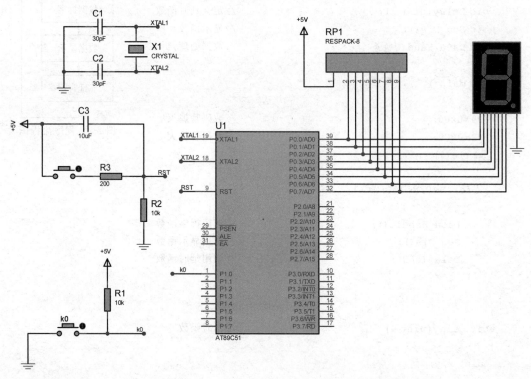

图 2.8 键控一位数字显示器仿真电路图(Proteus 绘制)

图 2.9 程序流程图

```c
#include <reg51.h>
#define uchar unsigned char
#define uint  unsigned int
sbit K0=P1^0;                              //定义按键端口
uchar K0_flag=0;                           //定义按键标志量
uchar Seg_Data[ ]={ 0x3f,0x06,0x5b,0x4f,0x66,0x6d,0x7d,0x07,0x7f,0x6f };
                                           //数组存放共阴极 0~9 的段码
void Key_Scan();                           //定义按键扫描函数
void main()
{
  P0=0X00;                                 //数码管熄灭
  K0=1;                                    //按键端口初始化为高电平
  while(1)
  {
    P0=Seg_Data[K0_flag];                  //显示相应数字
    Key_Scan();                            //调用按键扫描子函数
  }
}

void Key_Scan()
{
    if(K0==0)                              //判断是否有键按下
    {
      while(!K0);                          //等待按键弹起
      K0_flag++;                           //按键标志加 1
      if(K0_flag==10)K0_flag=0;            //如果按键标志为 10,则赋 0
    }
}
```

如何实现显示 0~999 数字,请读者自行思考。

任务 2　键控二位计数器的设计

任务目标

(1) 完成键控二位计数器的电路设计。
(2) 完成键控二位计数器的程序设计。

任务内容

(1) 键控二位计数器的电路设计。
(2) 键控二位计数器的程序设计。

任务相关知识

实际应用中,为了显示方便,经常将多个同类型的数码管做在一起使用,称为 LED 显示器。常用 LED 显示器的结构原理图如图 2.10 所示。N 个 LED 显示块有 N 位位选线和 $8×N$ 根段码线。段码线控制显示的字形,位选线控制该显示位的亮或暗。LED 控制器的显示分为静态显示和动态显示两种。

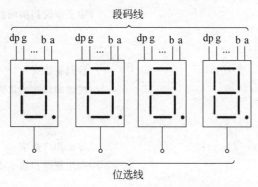

图 2.10 LED 显示器的结构原理图

1. 静态显示

静态显示是指数码管显示某一字符时,相应的发光二极管恒定导通或恒定截止。这种显示方式的各位数码管相互独立,公共端恒定接地(共阴极)或接正电源(共阳极),如图 2.11 所示。每个数码管的 8 个字段分别与一个 8 位 I/O 地址相连,I/O 端口只要有段码输出,相应字符即显示出来,并保持不变,直到 I/O 端口输出新的段码。采用静态显示方式时,较小的电流即可获得较高的亮度,且占用 CPU 时间少,编程简单,显示便于监测和控制,但该种方式占用的口线较多,硬件电路复杂,成本高,只适合于显示位数较少的场合。

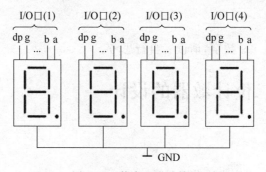

图 2.11 静态显示连接图

2. 动态显示

动态显示是指一位一位地轮流点亮各位数码管,这种逐位点亮显示器的方式称为位扫描。通常,各位数码管的段选线相应地并联在一起,由一个 8 位 I/O 端口控制;各位的位选线(共阴极或共阳极)由另外的 I/O 端口线控制,如图 2.12 所示。动态方式显示时,各数码管分时轮流选通,要使其稳定显示,必须采用扫描方式,即在某一时刻只选通一位数码管,并送出相应的段码;在另一时刻选通另一位数码管,并送出相应的段码。以此规律循环,即可使各位数码管显示将要显示的字符。虽然这些字符是在不同的时刻分别显示,但由于人眼存在视觉暂留效应,只要每位显示间隔足够短就可以给人以同时显示的感觉。

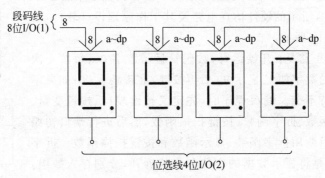

图 2.12　动态显示连接图

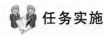任务实施

1. 静态显示电路设计

打开 Proteus 软件,新建文件并将其命名为"键控二位计数器",如图 2.13 所示为按键控制两位数字显示器显示 00～99 的硬件仿真电路图(Proteus 绘制),该图是在图 2.6 的

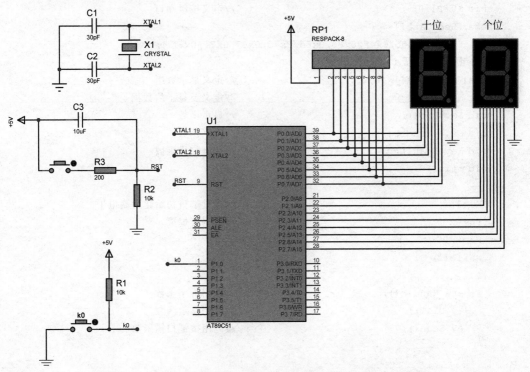

图 2.13　键控二位数字显示器静态显示仿真电路图(Proteus 绘制)

基础上增加了一个按键 k0，k0 与单片机 P1.0 连接。两个数码管一个显示个位数，一个显示十位数。数码管采用静态显示方式，公共端直接接地，段位线分别接 P0 端口和 P1 端口。

2. 静态显示程序设计

打开 Keil 软件，新建工程并将其命名为 2-2，在工程中添加 2-2.c 文件，根据图 2.13 所示的硬件仿真电路及其工作原理设计软件，程序流程图如图 2.14 所示。

程序的设计思路是：开始运行，数码管显示数字 00；每按一次键，数码管显示的数字加 1；显示 99 后再按键，重新显示 00；如果不按键，则数字保持不变。编写程序时，先定义按键端口、按键变量、显示数组、显示函数、拆字函数、按键扫描函数，然后进行端口初始化，进入主循环后调用拆字函数、显示函数和按键扫描函数。拆字函数的主要任务是将显示数据的个位和十位拆开，分别存入数组。显示函数的主要任务是将显示数据送入 P0 端口和 P2 端口显示，当数字显示为 99 之后，数字显示 00。按键扫描函数的主要任务是判断是否有键按下，如果按下将按键变量加 1，当数字显示为 99 之后，再按一次键，数字显示 00，然后循环进行。程序代码如下。

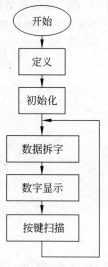

图 2.14 程序流程图

```c
#include <reg51.h>
#define uchar unsigned char
#define uint  unsigned int
sbit K0=P1^0;                           //定义按键端口
uchar Seg_Data[]=
{ 0x3f,0x06,0x5b,0x4f,0x66,0x6d,0x7d,0x07,0x7f,0x6f };
//数组存放共阴极 0~9 的段码
uchar Dis_Data[]={0,0};                 //定义显示数组
uint N=0;                               //定义要显示的数据
void Seg_Dis();                         //显示函数
void Data_Handle();                     //拆字函数
void Key_Scan();                        //按键扫描函数
void main()
{
  K0=1;                                 //按键端口初始化为高电平
  P0=0x00;                              //数码管熄灭
  P2=0x00;
  while(1)
  {
    Data_Handle();                      //调用拆字函数
    Seg_Dis();                          //调用显示函数
    Key_Scan();                         //调用按键扫描函数
  }
}
void Seg_Dis()                          //显示函数
```

```
        {
            P0=Seg_Data[Dis_Data[1]];       //送十位数段码
            P2=Seg_Data[Dis_Data[0]];       //送个位数段码
        }

        void Data_Handle()
        {
            Dis_Data[0]=N%10;               //取数据个位
            Dis_Data[1]=N/10;               //取数据十位
        }
        void Key_Scan()                     //按键扫描函数
        {
          if(K0==0)                         //判断按键是否按下
          {
          while(!K0)Seg_Dis();              //等待按键弹起
          N++;                              //显示数据加 1
          if(N==100)N=0;                    //如果数据为 100,则赋 0
          }
        }
```

任务扩展

1. 动态显示电路设计

打开 Proteus 软件,新建文件并将其命名为"键控二位计数器动态",如图 2.15 所示为按键控制两位数字显示器显示 00～99 的硬件仿真电路图(Proteus 绘制)。图中的数码管采用两位 LED 显示器。两个数码管一个显示个位数,一个显示十位数,数码管采用动态显示方式,公共端用单片机端口 P2.1 和 P2.2 控制,段位线并行接 P0 端口。

2. 动态显示程序设计

程序的设计思路是:开始运行,数码管显示数字 00;每按一次键,数码管显示的数字加 1;显示 99 后再按键,重新显示 00;如果不按键,则数字保持不变。程序流程图如图 2.14 所示,先定义按键端口、按键变量、段码显示数组、位码显示数组、显示函数、拆字函数、按键扫描函数、延时函数,然后进行端口初始化,进入主循环后调用拆字函数、显示函数和按键扫描函数。拆字函数的主要任务是将显示数据的个位和十位拆开,分别存入数组。显示函数的主要任务是将段码数据送入 P0 端口,位码数据送入 P2.0 和 P2.1 端口,当数字显示为 99 之后,数字显示 00。按键扫描函数的主要任务是判断是否有键按下,如果按下将按键变量加 1,当数字显示为 99 之后,再按一次键,数字显示 00,然后循环进行。程序代码如下。

```
#include<reg51.h>
#define uchar unsigned char
#define uint  unsigned int
sbit K0=P1^0;                              //定义按键端口
```

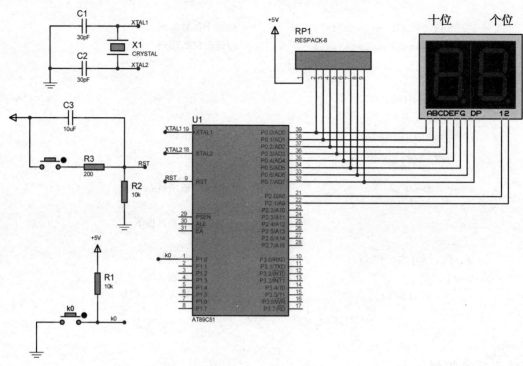

图 2.15 键控二位计数器动态显示仿真电路图(Proteus 绘制)

```
uchar Seg_Data[]={ 0x3f,0x06,0x5b,0x4f,0x66,0x6d,0x7d,0x07,0x7f,0x6f };
                                        /*数组存放共阴极 0~9 的段码*/
uchar Seg_Digi[]={0xfd,0xfe};           //定义共阴极位码
uchar Dis_Data[]={0,0};                 //定义显示数组
uint N=0;                               //定义要显示的数据
void Delay(uint i);                     //定义延时函数
void Seg_Dis();                         //显示函数
void Data_Handle();                     //拆字函数
void Key_Scan();                        //按键扫描函数
void main()
{
  K0=1;                                 //按键端口初始化为高电平
  P0=0x00;                              //数码管熄灭
  while(1)
  {
    Seg_Dis();                          //调用显示函数
    Key_Scan();                         //调用按键扫描函数
    Data_Handle();                      //调用拆字函数
  }
}
void Delay(uint i)                      //延时函数
{
```

```
    uint x,y;
    for(x=i;x>0;x--)
        for(y=110;y>0;y--);
}
void Seg_Dis()
{
    uchar i;
    for(i=0;i<2;i++)
    {
        P2= Seg_Digi[i];                    //送位码
        P0=Seg_Data[Dis_Data[i]];           //送段码
        Delay(5);                           //延时
    }
}

void Data_Handle()
{
    Dis_Data[0]=N%10;                       //取数据个位
    Dis_Data[1]=N/10;                       //取数据十位
}
void Key_Scan()
{
    if(K0==0)                               //判断按键是否按下
    {
        while(!K0)Seg_Dis();                //等待按键弹起
        N++;                                //显示数据加 1
        if(N==100)N=0;                      //如果数据为 100,则赋 0
    }
}
```

任务扩展

1. 键控三位计数器

按键控制三个数码管自动显示 0~999 的数字,仿真电路图(Proteus 绘制)如图 2.16 所示。按键与单片机的 P1.0 端口连接,三个数码管采用动态连接方式,段码线连接 P0 端口,位码线分别连接 P2.0、P2.1 和 P2.2 三个端口。开始运行,数码管显示数字 000;每按一次键,数码管显示的数字加 1;显示 999 后再按键,重新显示 000;如果不按键,则数字保持不变。程序流程图如图 2.14 所示,先定义按键端口、按键变量、段码显示数组、位码显示数组、显示函数、拆字函数、按键扫描函数、延时函数,然后进行端口初始化,进入主循环后调用拆字函数、显示函数和按键扫描函数。拆字函数的主要任务是将显示数据的个位、十位和百位拆开,分别存入数组。显示函数的主要任务是将段码数据送入 P0 端口,位码数据送入 P2.0、P2.1 和 P2.2 端口,当数字显示为 999 后,再次按键将显示 000。按键扫描

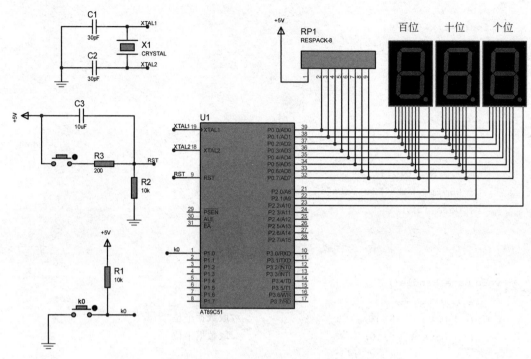

图 2.16 键控三位计数器动态显示仿真电路图(Proteus 绘制)

函数的主要任务是判断是否有键按下,如果按下将按键变量加 1,当数字显示为 999 之后,再按一次键,数字显示 000,然后循环进行。程序代码如下。

```
#include<reg51.h>
#define uchar unsigned char
#define uint  unsigned int
sbit K0=P1^0;                                    //定义按键端口
uchar Seg_Data[]={ 0x3f,0x06,0x5b,0x4f,0x66,0x6d,0x7d,0x07,0x7f,0x6f };
                                                 //数组存放共阴极 0~9 的段码
uchar Seg_Digi[]={0xfb,0xfd,0xfe};               //定义共阴极位码
uchar Dis_Data[]={0,0,0};                        //定义显示数组
uint N=0;                                        //定义要显示的数据
void Delay(uint i);                              //定义延时函数
void Seg_Dis();                                  //显示函数
void Data_Handle();                              //拆字函数
void Key_Scan();                                 //按键扫描函数
void main()
{
  K0=1;                                          //按键端口初始化为高电平
  P0=0x00;                                       //数码管熄灭
  while(1)
  {
    Seg_Dis();                                   //调用显示函数
```

```c
        Key_Scan();                        //调用按键扫描函数
        Data_Handle();                     //调用拆字函数
    }
}
void Delay(uint i)                         //延时函数
{
    uint x,y;
    for(x=i;x>0;x--)
        for(y=110;y>0;y--);
}
void Seg_Dis()
{
    uchar i;
    for(i=0;i<3;i++)
    {
        P2= Seg_Digi[i];                   //送位码
        P0=Seg_Data[Dis_Data[i]];          //送段码
        Delay(5);                          //延时
    }
}

void Data_Handle()
{
    Dis_Data[0]=N%10;                      //取数据个位
    Dis_Data[1]=N/10%10;                   //取数据十位
    Dis_Data[2]=N/100;                     //取数据百位
}
void Key_Scan()
{
    if(K0==0)                              //判断按键是否按下
    {
        while(!K0)Seg_Dis();               //等待按键弹起
        N++;                               //显示数据加1
        if(N==1000)N=0;                    //如果数据为1000,则赋0
    }
}
```

2. 键控八位数码管动态显示

按键控制八位数码管显示 00-00-00 到 23-59-59 类似时钟数字的仿真电路图(Proteus 绘制)如图 2.17 所示。按键与单片机的 P1.0 端口连接,8 个数码管采用动态连接方式,段码线连接 P0 端口,位码线分别连接 P2 端口的 8 个端口。开始运行,数码管显示数字 00-00-00;每按一次键,数码管显示的数字加 1;显示 23-59-59 后再按键,重新显示 00-00-00;如果不按键,则数字保持不变。程序流程图如图 2.14 所示,先定义按键端口、按键变量、

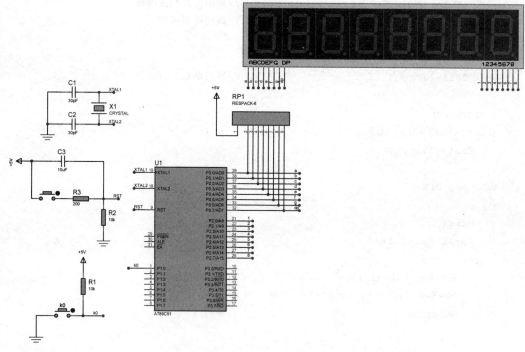

图 2.17　键控八位数码管动态显示仿真电路图（Proteus 绘制）

段码显示数组、位码显示数组、显示函数、拆字函数、按键扫描函数、延时函数，然后进行端口初始化，进入主循环后调用拆字函数、显示函数和按键扫描函数。按键变量需要定义三个，分别表示时、分、秒。拆字函数的主要任务是将显示数据的个位、十位拆开，分别存入数组。显示函数的主要任务是将段码数据送入 P0 端口，位码数据送入 P2 端口，其中将数字显示和中间横杠显示分开。按键扫描函数的主要任务是判断是否有键按下，如果按下将按键变量加 1，当秒变量为 60 后，再按键，则分变量加 1，秒变量清零；当分变量为 60 后，再按键，则时变量加 1，分变量清零，当时变量到 24，分变量为 0，秒变量为 0 时，全部清零。当数字显示为 23-59-59 之后，再按一次键，数字显示 00-00-00，然后循环进行。程序代码如下。

```c
#include <reg51.h>
#define uchar unsigned char
#define uint  unsigned int
sbit K0=P1^0;                                             //定义按键端口
uchar Seg_Data[]={ 0x3f,0x06,0x5b,0x4f,0x66,0x6d,0x7d,0x07,0x7f,0x6f };
//数组存放共阴极 0~9 的段码
uchar Seg_Digi[]={0x7f,0xbf,0xef,0xf7,0xfd,0xfe};         //定义共阴极位码
uchar Dis_Data[]={0,0,0,0,0,0};                           //定义显示数组
uint N1,N2,N3;                                            //定义要显示的数据
void Delay(uint i);                                       //定义延时函数
void Seg_Dis();                                           //显示函数
void Data_Handle();                                       //拆字函数
```

```c
void Key_Scan();                          //按键扫描函数
void main()
{
  K0=1;                                   //按键端口初始化为高电平
  P0=0x00;                                //数码管熄灭
  while(1)
  {
    Seg_Dis();                            //调用显示函数
    Key_Scan();                           //调用按键扫描函数
    Data_Handle();                        //调用拆字函数
  }
}
void Delay(uint i)                        //延时函数
{
  uint x,y;
  for(x=i;x>0;x--)
    for(y=110;y>0;y--);
}
void Seg_Dis()
{
    uchar i;
    for(i=0;i<6;i++)
    {
        P2= Seg_Digi[i];                  //送位码
        P0=Seg_Data[Dis_Data[i]];         //送段码
        Delay(5);                         //延时
    }
    //横杠显示
    P2=0xfb;                              //送位码
    P0=0x40;                              //送段码
    Delay(5);                             //延时

    P2=0xdf;                              //送位码
    P0=0x40;                              //送段码
    Delay(5);                             //延时
}
void Data_Handle()
{
    Dis_Data[0]=N1%10;                    //取时数据个位
    Dis_Data[1]=N1/10;                    //取时数据十位
    Dis_Data[2]=N2%10;                    //取分数据个位
    Dis_Data[3]=N2/10;                    //取分数据十位
    Dis_Data[4]=N3%10;                    //取秒数据个位
```

```
            Dis_Data[5]=N3/10;                    //取秒数据十位
    }
    void Key_Scan()
    {
      if(K0==0)                                   //判断按键是否按下
      {
        while(!K0)Seg_Dis();                      //等待按键弹起
        N1++;                                     //秒数据加 1
        if(N1==60)
        {
          N1=0;
          N2++;
          if(N2==60)
          {
            N2=0;
            N3++;
            if(N3==24)
            {
              N1=0;
              N2=0;
              N3=0;
            }
          }
        }
      }
    }
```

任务3　键值显示器的设计

任务目标

（1）完成键值显示器的电路设计。
（2）完成键值显示器的程序设计。

任务内容

（1）键值显示器的电路设计。
（2）键值显示器的程序设计。

任务相关知识

在键盘中按键数量较多时，为了减少I/O端口的占用，通常将按键排列成矩阵形式，如图2.18所示。在矩阵式键盘中，每条水平线和垂直线在交叉处不直接连通，而是通过一个按键加以连接。这样,一个端口(如P1)就可以构成4×4=16个按键,比直接将端口线用于键盘多出了一倍,而且线数越多,区别越明显。例如,再多加一条线就可以构成20键的键盘,而直接用端口线则只能多出一个键(9键)。由此可见,在需要的按键数比较多时,采用矩阵法来做键盘是合理的。

矩阵式结构的键盘显然要复杂很多,识别也要复杂很多。图2.18中,列线通过电阻接正电源,并将行线所接的单片机的I/O端口作为输出端,而列线所接的I/O端口则作为输入。这样,当按键没有按下时,所有的输出端都是高电平。行线输出是低电平,一旦有键按下,则输入线电平就会被拉低,通过读入输入线的状态就可得知是否有键按下了。

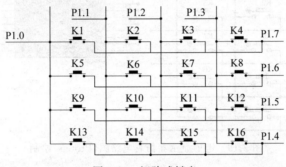

图2.18 矩阵式键盘

确定矩阵式键盘上哪个键被按下采用"行扫描法"。行扫描法又称为逐行(或列)扫描查询法,是一种最常用的按键识别方法,图2.18所示键盘的扫描过程如下。

(1) 判断键盘中有无键按下。将全部行线P1.4~P1.7置低电平,然后检测列线的状态。只要有一列的电平为低,则表示键盘中有键被按下,而且闭合的键位于低电平线与4根行线相交叉的4个按键中。若所有列线均为高电平,则键盘中无键按下。

(2) 判断闭合键所在的位置。在确认有键按下后,即可进入确定具体闭合键的过程。其方法是,依次将行线置为低电平,即在置某根行线为低电平时,其他线为高电平。在确定某行线位置为低电平后,再逐行检测各列线的电平状态。若某列为低,则该列线与置为低电平的行线交叉处的按键就是闭合的按键。

任务实施

1. 键值显示器电路设计

打开Proteus软件,新建文件并将其命名为"键值显示器"。图2.19所示为键值显示器硬件仿真电路图(Proteus绘制)。共阴极单个数码管的公共端直接接地,段码线接单片机P0端口,矩阵式键盘与P1端口连接,P1.0~P1.3为列线,P1.4~P1.7为行线。

2. 键值显示器程序设计

打开Keil软件,新建工程并将其命名为2-3。在工程中添加2-3.c文件,根据图2.19所示的硬件仿真电路及其工作原理设计软件,程序流程图如图2.20所示。

程序的设计思路是:开始运行,数码管不显示任何数字;每按一个键,数码管显示对

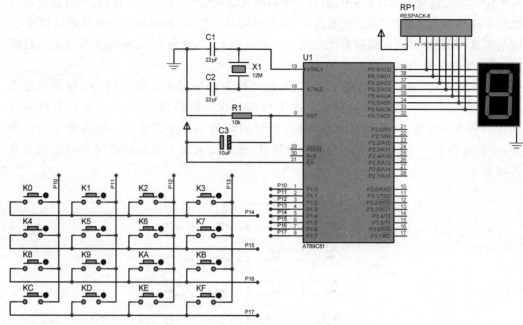

图 2.19 键值显示器仿真电路图（Proteus 绘制）

应的键值。编写程序时,先定义显示数组、显示函数、键盘扫描函数,然后进行端口初始化,进入主循环后判断是否有键按下,如果有键按下,则读取键值,然后调用显示函数显示键值。键盘扫描函数的主要任务是判断按下键的行号和列号,并根据行列号确定对应的键值。显示函数的主要任务是将显示数据送入 P0 端口显示。程序代码如下：

图 2.20 程序流程图

```
#include <reg51.h>
#include <intrins.h>
#define uchar unsigned char
#define uint unsigned int
uchar Seg_Data[]={
  0x3f,0x06,0x5b,0x4f,0x66,0x6d,
  0x7d,0x07,0x7f,0x6f,0x77,0x7c,
  0x39,0x5e,0x79,0x71
};                              //数组存放共阴极 0~9、A、b、C、d、E、F 的段码

uchar pre_keyno=16,keyno=16;    //键码变量
//延时
void delayms(uint x)
{
  uchar i;
  while(x--)
```

```c
    {
      for(i=0;i<120;i++);
    }
}
//按键扫描
void key_scan()
{
  uchar tmp;
  P1=0x0f;                    //行端口为低电平,列端口为高电平
  delayms(1);
  tmp=P1^0x0f;                //异或运算,判断是否有键按下
  switch(tmp)
  {
    case 1: keyno=0;break;    //P1.0列为低电平
    case 2: keyno=1;break;    //P1.1列为低电平
    case 4: keyno=2;break;    //P1.2列为低电平
    case 8: keyno=3;break;    //P1.3列为低电平
    default:keyno=16;         //列线全为高电平,无键按下
  }

  P1=0xf0;
  delayms(1);
  tmp=P1>>4^0x0f;             //判断哪行为低电平
  switch(tmp)
  {
    case 1: keyno+=0;break;   //第一行键值为列号加 0
    case 2: keyno+=4;break;   //第二行键值为列号加 4
    case 4: keyno+=8;break;   //第三行键值为列号加 8
    case 8: keyno+=12;break;  //第四行键值为列号加 12
  }
}
//主函数
void main()
{
  P0=0x00;
  while(1)
  {
    P1=0x0f0;                 //列端口全为高电平
    if(P1!=0xf0)key_scan();   //如果有列为低电平,有键按下,则扫描按键
    if(pre_keyno!=keyno)
    {
      P0=Seg_Data[keyno];     //读取按键对应键值段码
      pre_keyno=keyno;        //存储按键键码值
```

        }
        delayms(100);
    }
}

任务扩展

(1) 仿真电路图如图 2.19 所示,改变每个键的键值,并用数码管显示出来。

(2) 设计简单的加减计算器。

项目 3

水位越限报警装置的设计

项目目标

(1) 理解水位越限报警装置的工作原理。
(2) 掌握水位越限报警装置的电路设计方法。
(3) 掌握水位越限报警装置的程序设计方法。

项目任务

(1) 水位越限报警装置的电路设计。
(2) 水位越限报警装置的程序设计。

项目相关知识

水位越限报警装置在工业生产及日常生活中应用广泛。根据需要选择合适的液位传感器测量水位信号,将水位信号进行适当处理之后送给单片机等微控制器进行分析计算,当水位超限时,及时报警或采取其他措施。常见水位检测传感器选择方案如下。

方案 1:利用浮球在上下限的受力变化,经过放大器放大控制电机开启水泵和放水阀的开闭。由于采用模拟控制及浮球作液位传感器,系统受环境的影响大,不能实现复杂的控制算法,也不能使控制精度做得较高,而且不能用数码显示和键盘设定。

方案 2:采用超声波液位传感器,虽然可以实现非接触测量,但它对被测液体的纯净度和容器的要求较高,并且仅适合远距离测量,最短测量距离为 20cm,有些场合不适合使用。

方案 3:采用电接触式液位控制。因为水是导电液体,将一根导线放入水中,另两根导线分别置于容器的高低限水位处。当水位低于下限值时下限电路截止,单片机对应控制端口收到低电平信号,立即控制水泵进水并发出报警;当水位高于上限值时,上限电路导通,单片机对应控制端口送入低电平,单片机立即控制水阀放水并发出越限警告。

本项目选用方案 3 的液位传感器对水位进行检测,检测出的水位上限和下限信号经过处理作为单片机外部中断的中断触发信号,一旦水位超限,不管是上限还是下限,都会触发单片机外部中断,从而及时进行报警并采取其他措施。两路水位检测都采用简单的三极管检测电路检测液位变化,将电平信号分别送入单片机,如图 3.1 所示为水位检测示意图。A点和B点分别是水位的下限和上限位置,当水位低于A点时,水位下限电极失电;当水位到达或者高于B点时,水位上限电极得电。

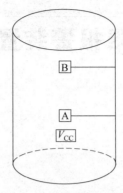

图 3.1 水位检测示意图

任务 1 水位越限报警装置——越限信号的检测

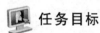 任务目标

掌握越限信号检测的电路设计方法。

  任务内容

越限信号检测的电路设计。

  任务相关知识

图 3.1 所示的水位检测示意图中,可以采用简单的开关三极管检测电路检测水位的变化。开关三极管的外形与普通三极管外形相同,它工作于截止区和饱和区,相当于电路的切断和导通。由于它具有完成断路和接通的作用,被广泛应用于各种开关电路中,如常用的开关电源电路、驱动电路、高频振荡电路、模数转换电路、脉冲电路及输出电路等。

开关三极管的常用电路图如图 3.2 所示。负载电阻被直接跨接于三极管的集电极与电源之间,而位居三极管主电流的回路上,输入电压 V_{in} 则控制三极管开关的开启与闭合动作,当三极管呈开启状态时,负载电流便被阻断,反之,当三极管呈闭合状态时,电流便可以流通。

当 V_{in} 为低电压时,由于基极没有电流,因此集电极也无电流,致使连接于集电极端的负载也没有电流,而相当于开关的开启(关闭状态),此时三极管工作于截止区。

当 V_{in} 为高电压时,由于有基极电流流动,因此使集电极流过更大的放大电流,因此负载回路便被导通,而相当于开关的闭合(连接状态),此时三极管乃工作于饱和区。

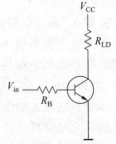

图 3.2 开关三极管电路图

开关三极管因功率的不同可分为小功率、中功率和大功率开关管。常用的小功率开关管有 3AK1-5、3AK11-15、3AK19-3AK20、3AK20-3AK22、3CK1-4、3CK7、3CK8、3DK2-4、3DK7-9。常用的高反压、大功率开关管有 2JD1556、2SD1887、2SD1455、2SD1553、2SD1497、2SD1433、2SD1431、2SD1403、2SD850 等,它们的最高反压都在 1500V 以上。

注意:

(1) 三极管选择"开关三极管",以提高开关转换速度。

(2) 电路设计要保证三极管工作在"饱和/截止"状态,不得工作在放大区。

(3) 也不要使三极管处于深度过饱和状态,否则也影响截止转换速度。至于截止,不一定需要"负电压"偏置,输入为零时就截止了,否则也影响导通转换速度。

(4) 三极管作为开关时需注意它的可靠性;在基极人为接入一个负电源 V_{EE},即可保证它的可靠性。

(5) 三极管的开关速度一般不尽人意,需要调整信号的输入频率。

任务实施

如图 3.3 和图 3.4 所示为水位检测的仿真电路图(Proteus 绘制),工作原理如下。

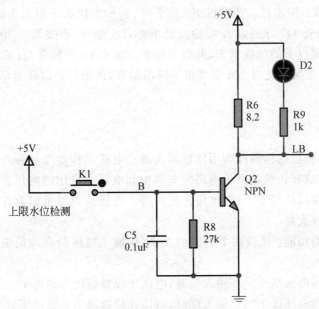

图 3.3　上限水位检测仿真电路图(Proteus 绘制)

按键 K1 模拟上限水位。当按键 K1 弹起时,表示水位在上限以下的安全状态,B 电极为低电平,三极管 Q2 截止,LB 端输出高电平,D2 熄灭,不报警。当按下按键 K1 时,表示水位到达上限,此时 B 电极为高电平,三极管 Q2 导通,LB 端输出低电平,D2 被点亮,报警。此时 LB 端发出下降沿信号,该信号可以作为单片机外部中断的触发信号。

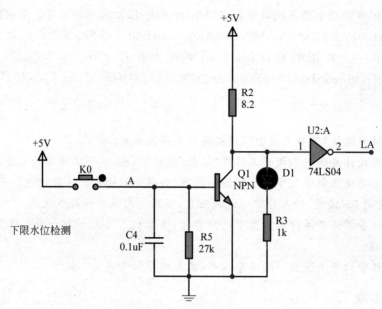

图 3.4 下限水位检测仿真电路图(Proteus 绘制)

按键 K0 模拟下限水位。当按键 K0 按下时,表示水位在下限以上的安全状态,A 电极为高电平,三极管 Q1 导通,LA 端输出低电平,D1 熄灭,不报警。当按键 K0 弹起时,表示水位到达下限以下的危险状态,此时 B 电极为低电平,三极管 Q1 截止,LA 端输出高电平,D1 被点亮,报警。此时 LA 端发出下降沿信号,该信号可以作为单片机外部中断的触发信号。

任务扩展

将上限、下限水位的检测改为用比较器实现。电压比较器是对输入信号进行鉴别与比较的电路,是组成非正弦波发生电路的基本单元电路。常用的电压比较器有单限比较器、滞回比较器、窗口比较器、三态电压比较器等。电压比较器可以看作是放大倍数接近"无穷大"的运算放大器。

电压比较器的功能:比较两个电压的大小(用输出电压的高或低电平表示两个输入电压的大小关系)。

当"+"输入端电压高于"-"输入端时,电压比较器输出为高电平。

当"+"输入端电压低于"-"输入端时,电压比较器输出为低电平。

电压比较器可工作在线性工作区和非线性工作区。工作在线性工作区时,特点是虚短、虚断;工作在非线性工作区时,特点是跳变、虚断。

虽然普通运算放大器也可以实现电压比较器的功能,但是实践中,与使用专用比较器相比使用运放比较器有以下缺点。

(1) 运放被设计为工作在有负反馈的线性段,因此饱和的运放一般有较慢的翻转速度。大多数运放中都带有一个用于限制高频信号下压摆率的补偿电容。这使得运放比较器一般存在微秒级的传播延迟,与之相比专用比较器的翻转速度在纳秒级。

(2) 运放没有内置迟滞电路,需要专门的外部网络以延迟输入信号。

(3) 运放的静态工作点电流只有在负反馈条件下保持稳定。当输入电压不等时将出现直流偏置。

(4) 比较器的作用为数字电路产生输入信号,使用运放比较器时需要考虑与数字电路接口的兼容性。

(5) 多节运放的不同频率间可能产生干扰。

(6) 许多运放的输入端有反向串联的二极管。运放两极的输入一般是相同的,这不会造成问题。但比较器的两极需要接入不同的电压,这就可能导致意想不到的二极管的击穿。

本例中采用比较器 LM393,仿真电路图(Proteus 绘制)如图 3.5 所示,工作原理如下。

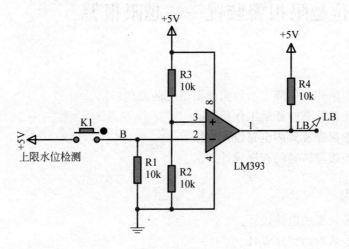

(a)上限水位检测仿真电路图

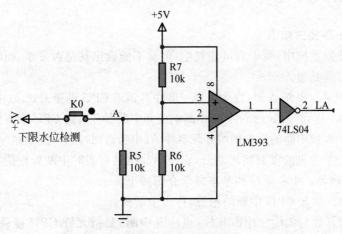

(b)下限水位检测仿真电路图

图 3.5 水位超限检测仿真电路图(Proteus 绘制)

按键 K1 模拟上限水位。当按键 K1 弹起时,表示水位在上限以下的安全状态,B 电极为低电平,比较器的同相端电平高于反相端电平,LB 端输出高电平,不报警。当按下按键 K1 时,表示水位到达上限,此时 B 电极为高电平,比较器的同相端电平低于于反相端电平,LB 端输出低电平,报警。此时,LB 端发出下降沿信号,该信号可以作为单片机外部中断的触发信号。

按键 K0 模拟下限水位。当按键 K0 按下时,表示水位在下限以上的安全状态,A 电极为高电平,比较器的同相端电平高于反相端电平,LA 端输出高电平,不报警。当按键 K0 弹起时,表示水位到达下限以下的危险状态,此时 A 电极为低电平,比较器的同相端电平低于反相端电平,LA 端输出低电平,报警。此时,LA 端发出下降沿信号,该信号可以作为单片机外部中断的触发信号。

任务 2　水位越限报警装置——越限报警

任务目标

(1) 理解利用单片机外部中断检测越限信号的原理。
(2) 掌握单片机外部中断的工作原理。
(3) 掌握越限报警装置的电路设计方法。
(4) 学会越限报警装置的程序设计方法。

任务内容

(1) 越限报警装置的电路设计。
(2) 越限报警装置的程序设计。

任务相关知识

1. 单片机中断相关知识

在单片机控制系统中,对于有可能发生,但又不能确定其是否发生、何时发生的事件,通常采用中断方式处理。

CPU 在处理某一事件 A 时,发生了另一事件 B 请求 CPU 迅速去处理(中断发生);CPU 暂时中断当前的工作,转去处理事件 B(中断响应和中断服务);待 CPU 将事件 B 处理完毕,再回到原来事件 A 被中断的地方继续处理事件 A(中断返回),这一过程称为中断。

中断系统是单片机的重要组成部分,它使单片机具有实时中断处理能力,进行实时控制、故障自动处理等。中断系统的基本概念介绍如下。

(1) 中断源。引起 CPU 中断的根源,称为中断源。
(2) 中断的开放与关闭。中断开放(也称开中断)是指允许 CPU 接受中断源提出的中断请求;中断关闭(也称关中断)是指不允许 CPU 接受中断源提出的中断请求。
(3) 中断优先级控制。中断优先级控制是指对于有多个中断源的单片机系统,对中断源进行响应的先后次序必须事先设定。

(4) 中断处理过程。中断处理过程可归纳为中断请求、中断响应、中断处理及中断返回四部分。

MCS-51 单片机中断系统由 5 个中断源，4 个用于中断控制的专用寄存器 TCON、SCON、IE 和 IP 及优先级硬件查询电路构成。

MCS-51 单片机的 5 个中断源及中断请求标志如表 3.1 所示，其中两个是外部中断源，其他 3 个是内部中断源。

表 3.1 MCS-51 单片机的中断源与中断请求标志

中 断 源	说 明	标 志
外部中断 0($\overline{INT0}$)	从 P3.2 引脚输入的中断请求	IE0
定时器/计数器 T0	定时器/计数器 T0 溢出发出的中断请求	TF0
外部中断 1($\overline{INT1}$)	从 P3.3 引脚输入的中断请求	IE1
定时器/计数器 T1	定时器/计数器 T1 溢出发出的中断请求	TF1
串行端口	串行口发送、接收时产生的中断请求	TI、RI

MCS-51 的 5 个中断源的中断请求标志位位于定时器控制寄存器 TCON 和串行端口控制寄存顺 SCON 中。TCON 及 SCON 中各位的名称如表 3.2 和表 3.3 所示。

表 3.2 TCON 中各位的名称

位	7	6	5	4	3	2	1	0
字节地址：88H	TF1	TR1	TF0	TR0	IE1	IT1	IE0	IT0

表 3.3 SCON 中各位的名称

位	7	6	5	4	3	2	1	0
字节地址：98H	—	—	—	—	—	—	TI	RI

各位的说明如下。

TR1/TF1(TR0/TF0)：定时器/计数器 T1(T0) 的溢出中断请求标志位，当 T1/T0 计数产生溢出时，由硬件将 TF1(TF0) 置 1，向 CPU 请求中断。当 CPU 响应其中断后，由硬件将 TF1(TF0) 自动清 0。

IE1(IE0)：外部中断 1(外部中断 0)的中断请求标志位。IE1(IE0)＝1，表示外部中断 1(外部中断 0)请求中断，当 CPU 响应其中断后，由硬件将 IE1(IE0)自动清 0；IE1(IE0)＝0，表示外部中断没有请求中断。

IT1(IT0)：外部中断 1(0)的中断触发方式控制位。若将 IT1(IT0) 置 0，则外部中断 1(0)为电平触发方式。若将 IT1(IT0) 置 1，则外部中断 1(0)为边沿触发方式。

TI：串行口发送中断请求标志位。当串行口发送完一帧数据后，由硬件将 TI 置 1，向 CPU 请求中断。CPU 响应中断后，必须用软件将 TI 清 0。

RI：串行口接收中断请求标志位。当串行口接收完一帖数据后，由硬件将 RI 置 1，向 CPU 请求中断。CPU 响应中断后，必须用软件将 RI 清 0。

MCS-51 单片机中断的开放与关闭是由中断允许寄存器 IE 的相应位来进行控制的。

IE 中各位的名称如表 3.4 所示。

表 3.4　IE 中各位的名称

位	7	6	5	4	1	2	1	0
字节地址：A8H	EA	—	—	ES	ET1	EX1	ET0	EX0

IE 中各位的定义如下。

EA：中断允许总控制位。EA＝1 时，开放所有的中断请求，但是否允许各中断源的中断请求，还要取决于各中断源的中断允许控制位的状态。

ES：串行口中断允许位。

ET1(ET0)：定时器 T1(T0) 中断允许位。

EX1(EX0)：外部中断 1(0) 中断允许位。

允许位为 0 时关闭相应中断，为 1 时开放相应中断。单片机系统复位后，IE 中各中断允许位均被清 0，即关闭所有中断。如需要开放相应中断源，则应使用软件进行置位。例如，开放外部中断 0 和定时器 1，可使用如下指令。

```
EA=1;                    //开放总允许
EX0=1;                   //开放外部中断 0 中断
ET1=1;                   //开放定时器 1 中断
```

或者

```
IE=0x85;                 //将相应位置 1，开放相应中断
```

51 单片机的中断源可设置为两个中断优先级：高优先级中断和低优先级中断，从而可实现两级中断嵌套。中断优先级控制寄存器 IP 中各位的名称如表 3.5 所示。

表 3.5　IP 中各位的名称

位	7	6	5	4	1	2	1	0
字节地址：B8H	—	—	PT2	PS	PT1	PX1	PT0	PX0

IP 中各位的定义如下。

PT0(PT1)：定时器 T0(T1) 的中断优先级控制位。

PX1(PX0)：外部中断 1(0) 的中断优先级控制位。

PS：串行口的中断优先级控制位。

中断控制位为 1 时，相应中断为高优先级，为 0 时相应中断为低优先级。可以通过指令将相应位置 1 或清 0。单片机复位后，IP 全部清 0。

单片机响应中断时，必须满足以下几个条件。

(1) 有中断源发出中断请求。

(2) 中断允许总控制位及申请中断的中断源的中断允许位均为 1。

(3) 没有同级别或更高级别的中断正在响应。

(4) 必须在当前的指令执行完后，才能响应中断。若正在执行 RETI 或访问 IE、IP 的指令，则必须再另外执行一条指令后才可以响应中断。

中断响应遵循如下规则：先高后低，停低转高，高不理低，自然顺序。

自然优先级按从低到高的顺序是，串行端口→定时器T1→外部中断1→定时器T0→外部中断0。

CPU响应中断时，由硬件自动执行如下操作。

(1) 保护断点，即把程序计数器PC的内容压入堆栈保存。

(2) 清除内部硬件可清除的中断请求标志位(IE0、IE1、TF0、TF1)。

(3) 将被响应的中断源的中断服务程序入口地址送入PC，从而转移到相应的中断服务程序执行。

MCS-51单片机各中断源中断入口地址如表3.6所示。

表3.6 MCS-51单片机各中断源中断入口地址

中 断 源	入 口 地 址	C语言中断编号
外部中断0($\overline{INT0}$)	0003H	0
定时器/计数器T0	000BH	1
外部中断1($\overline{INT1}$)	0013H	2
定时器/计数器T1	001BH	3
串行口	0023H	4

在应用中断系统时应在设计硬件和软件时考虑解决如下问题。

(1) 明确任务，确定采用哪些中断源及中断触发方式。

(2) 中断优先级分配。

(3) 确定中断服务程序要完成的任务。

(4) 程序初始化设置，即开放相关中断源。

2. 蜂鸣器相关知识

在进行水位报警时，需要用到蜂鸣器发声报警。蜂鸣器是一种一体化结构的电子声响器，采用直流电压供电，广泛应用于计算机、打印机、复印机、报警器、电子玩具、汽车电子设备、电话机、定时器等电子产品中作发声器件。蜂鸣器主要分为压电式蜂鸣器和电磁式蜂鸣器两种类型。蜂鸣器在电路中用字母H或HA(旧标准用FM、ZZG、LB、JD等)表示。

蜂鸣器由振动装置和谐振装置组成。蜂鸣器又分为无源他激型与有源自激型。有源蜂鸣器和无源蜂鸣器的根本区别是产品对输入信号的要求不一样：有源蜂鸣器工作的理想信号是直流电，通常标示为VCC、VDD等。因为蜂鸣器内部有一个简单的振荡电路，能将恒定的直流电转化成一定频率的脉冲信号，从而实现磁场交变，带动钼片振动发音。但是某些有源蜂鸣器在特定的交流信号下也可以工作，只是对交流信号的电压和频率要求很高，此种工作方式一般不采用。

无源蜂鸣器没有内部驱动电路，国标中称为声响器。无源蜂鸣器工作的理想信号是方波，如果给予直流信号，蜂鸣器是不响应的，因为磁路恒定，钼片不能振动发音。

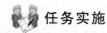 **任务实施**

1. 电路设计

打开 Proteus 软件,新建文件并将其命名为"水位越限报警装置"。如图 3.6 所示为水位越限报警装置仿真电路图(Proteus 绘制)。电路图中,水位的检测采用任务 1 中介绍的方法,得到的两个水位检测信号 LA 和 LB 通过一个与门产生单片机外部中断的触发信号,这样不管是超过上限还是低于下限都会引发中断,从而进行报警。装置采用蜂鸣器报警,电路图中的蜂鸣器选用有源蜂鸣器,只要为蜂鸣器提供直流电源,蜂鸣器就可以发声。图 3.6 中 LS 与单片机的 P2.0 端口连接,当 LS 端输出高电平时,三极管 Q3 截止,蜂鸣器不得电,不发声;当 LS 端输出低电平时,三极管 Q3 导通,蜂鸣器得电,发声。

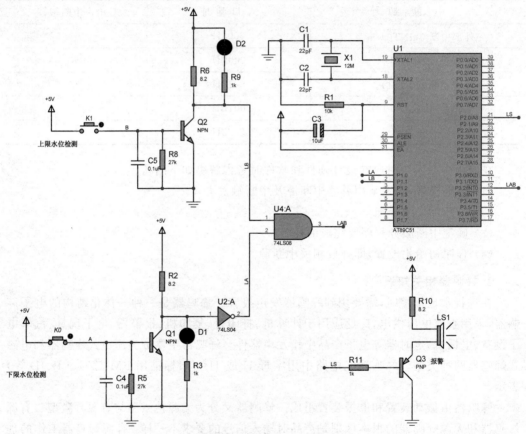

图 3.6　水位越限报警装置仿真电路图(Proteus 绘制)

2. 程序设计

打开 Keil 软件,新建工程并将其命名为 3-2。在工程中添加 3-2.c 文件,根据图 3.6 所示的硬件仿真电路及其工作原理设计软件,程序流程图如图 3.7 所示。图 3.8 所示为中断函数流程图。程序的设计思路是:开始运行,定义蜂鸣器、水位上限、水位下限端口。进入主函数,判断水位是否介于下限和上限之间,如果是,则不报警;如果不是,则触发中断。

进入中断函数,先关闭中断,然后将蜂鸣器控制端口置 0。启动蜂鸣器,然后退出中断,返回主函数。只要超限信号不去除,就一直报警。程序代码如下。

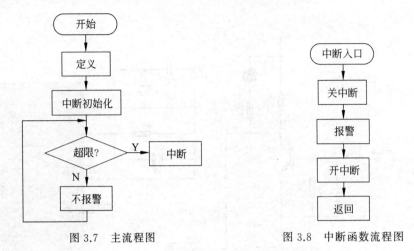

图 3.7 主流程图　　　　图 3.8 中断函数流程图

```
#include<reg51.h>
sbit LS=P2^0;                    //定义蜂鸣器端口
sbit LA=P1^0;                    //定义水位下限检测端口
sbit LB=P1^1;                    //定义水位上限检测端口

void main()
{
    IT0=1;                       //定义 INT0 为边沿触发
    EX0=1;                       //打开 INT0 中断开关
    EA=1;                        //打开总中断开关

    while(1)
    {
        if((LA==1)&&(LB==1))     //如果不超限,则不报警
        {
            LS =1;               //关闭蜂鸣器
        }
    }
}
void int0() interrupt 0
{
    EX0=0;                       //关 INT0
    LS=0;                        //启动蜂鸣器
    EX0=1;                       //开 INT0
}
```

任务扩展

(1) 将图 3.6 所示的水位检测信号作为单片机外部中断 1 的出发信号,实现上限和下

限水位检测报警功能。

单片机外部中断1检测水位检测信号的仿真电路图(Proteus 绘制)如图 3.9 所示。程序代码如下。

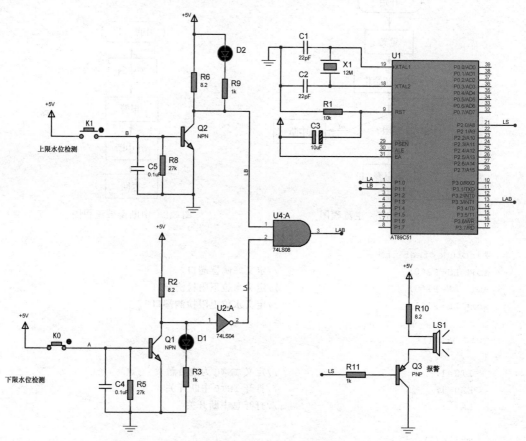

图 3.9 水位越限报警装置扩展仿真电路图(Proteus 绘制)

```
#include<reg51.h>
sbit LS=P2^0;                    //定义蜂鸣器端口
sbit LA=P1^0;                    //定义水位下限检测端口
sbit LB=P1^1;                    //定义水位上限检测端口

void main()
{
    IT1=1;                       //定义 INT1 为边沿触发
    EX1=1;                       //打开 INT1 中断开关
    EA=1;                        //打开总中断开关

    while(1)
    {
        if((LA==1)&&(LB==1))     //如果不超限,则不报警
        {
            LS =1;               //关闭蜂鸣器
```

```
        }
    }
}
void int1() interrupt 2
{
    EX1=0;                          //关 INT1
    LS=0;                           //启动蜂鸣器
    EX1=1;                          //开 INT1
}
```

(2) 在图 3.6 所示仿真电路图的基础上增加直流电动机 M,如图 3.10 所示,模拟水泵电动机,实现进水控制。

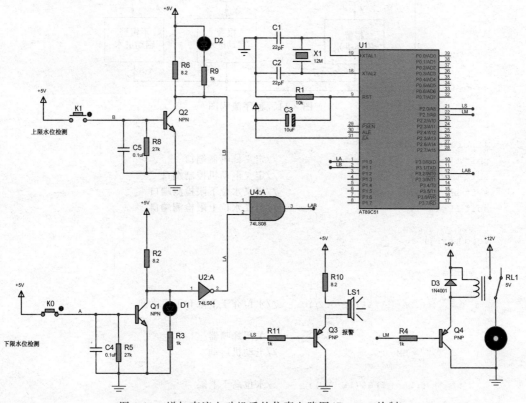

图 3.10　增加直流电动机后的仿真电路图(Proteus 绘制)

当水位超限时,除了报警,还要启动或者关闭水泵电动机。图 3.10 中电动机通过继电器进行控制,继电器可以实现小电流控制大电流的功能,同时将电动机与主控制器电路隔离,避免干扰。电动机控制端口选用 P2.1,当 P2.1 输出高电平时,三极管 Q4 截止,继电器线圈不得电,继电器触点不吸合,电动机停转,表示不进水;当 P2.1 输出低电平时,三极管 Q4 导通,继电器线圈得电,继电器触点吸合,电动机启动,表示进水。

程序的设计思路是:开始判读水位是否低于下限,如果低于下限,则启动电动机并超限报警;当水位介于下限和上限之间时,关闭报警,继续启动电动机进水;当水位高于上限时,启动报警,停止电动机。程序流程图如图3.11所示,程序采用查询的方式编写,程序代码如下。

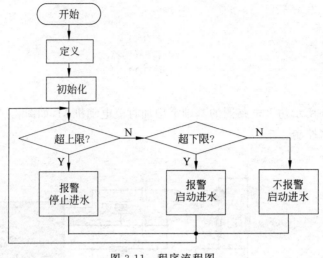

图 3.11 程序流程图

```c
#include<reg51.h>
sbit LS=P2^0;                    //定义蜂鸣器端口
sbit LM=P2^1;                    //定义电动机控制端口
sbit LA=P1^0;                    //定义水位下限检测端口
sbit LB=P1^1;                    //定义水位上限检测端口

void main()
{
   while(1)
   {
     if   ((LA==1)&&(LB==1))     //水位介于上限和下限之间
       {
            LS=1;                //关闭蜂鸣器
            LM=0;                //电动机启动
       }
     if   ((LA==1)&&(LB==0))     //水位高于上限
       {
            LS=0;                //开启蜂鸣器
            LM=1;                //电动机停转
       }
     if   ((LA==0)&&(LB==1))     //水位低于下限
       {
            LS=0;                //开启蜂鸣器
            LM=0;                //电动机启动
       }
   }
}
```

项目 4

简易数字钟的设计

项目目标

（1）理解简易数字钟的工作原理。
（2）学会简易数字钟的电路设计方法。
（3）学会简易数字钟的程序设计方法。

项目任务

（1）简易数字钟的电路设计。
（2）简易数字钟的程序设计。

项目相关知识

时钟电路在计算机系统中起着非常重要的作用，是保证系统正常工作的基础。在一个单片机应用系统中，时钟有两方面的含义：①为保障系统正常工作的基准振荡定时信号，主要由晶振和外围电路组成，晶振频率的大小决定了单片机系统工作的快慢；②系统的标准定时时钟，即定时时间，它通常有两种实现方法：①用软件实现，即用单片机内可编程定时器/计数器来实现；②用专门的时钟芯片实现，典型的时钟芯片有 DS1302、DS12887、X1203。

本项目主要介绍用单片机内部的定时器/计数器来实现电子时钟的方法，本项目以单片机 AT89C51 芯片为主控制器，辅以显示器等必要的电路，构成了一个简易数字钟。数字钟可以显示时、分、秒，采用 24 小时计时方式，除了具有显示时间的基本功能，还可以实现对时间的调整。

任务 1　简易数字钟——时间信号的产生

任务目标

（1）理解简易数字钟时间信号产生原理。
（2）完成数字钟时间信号的产生设计。

任务内容

(1) 单片机定时器/计数器的工作原理。
(2) 数字钟时间信号的产生。

任务相关知识

MCS-51 系列单片机内部有两个 16 位定时器/计数器,即定时器 T0 和定时器 T1。它们都具有定时和计数功能,可用于定时或延时控制,对外部事件进行检测、计数等。

计数器是一个加 1 计数器,每来一个脉冲计数器加 1,当加到计数器为全 1(即 FFFFH)时,再输入一个脉冲就使计数器回零,且计数器的溢出使 TCON 中 TF0 或 TF1 置 1,并向 CPU 发出中断请求(定时器/计数器中断允许时)。如果定时器/计数器工作于定时模式,则表示定时时间已到,计数值乘以单片机的机器周期就是定时时间;如果工作于计数模式,则表示计数值已满,计数值为 FFFFH 与计数器初值的差。

TMOD 是定时器/计数器的工作方式寄存器,确定工作方式和功能;TCON 是控制寄存器,控制 T0、T1 的启动和停止及设置溢出标志。

1. 工作方式寄存器(TMOD)

工作方式寄存器各位功能如表 4.1 所示,功能介绍如下。

表 4.1 TMOD 各位功能

D7	D6	D5	D4	D3	D2	D1	D0
GATE	C/$\overline{T}$	M1	M0	GATE	C/$\overline{T}$	M1	M0
定时器T1				定时器T0			

(1) GATE:门控位。

① GATE=0 时,只要用软件使 TCON 中的 TR0 或 TR1 为 1,就可以启动定时器/计数器工作(即需要一个启动条件)。

② GATE=1 时,要用软件使 TR0 或 TR1 为 1,同时外部中断引脚也为高电平时,才能启动定时器/计数器工作,即需要两个启动条件。

(2) C/T:定时/计数模式选择位。

(3) C/T=0 为定时模式;C/T=1 为计数模式。

(4) M1M0:工作方式设置位。M1M0 两个位的值决定了计数器工作方式,说明如下。

① 00:方式 0,13 位计数器。
② 01:方式 1,16 位计数器。
③ 10:方式 2,自动重装 8 位计数器。
④ 11:方式 3,定时器 0 分成两个 8 位,定时器 1 停止计数。

2. 控制寄存器(TCON)

控制寄存器各位的功能如表 4.2 所示。

表 4.2 TCON 各位功能

位	7	6	5	4	3	2	1	0	
字节地址：88H	TF1	TR1	TF0	TR0	—	—	—	—	TCON

TCON 的低 4 位用于控制外部中断,在项目 3 中已经介绍。TCON 的高 4 位用于控制定时器/计数器的启动和中断申请,各位功能如下。

(1) TF1(TCON.7)：T1 溢出中断请求标志位。

(2) T1 计数溢出时由硬件自动置 TF1 为 1。CPU 响应中断后 TF1 由硬件自动清 0。

(3) TR1(TCON.6)：T1 起/停控制位。1——启动,0——停止。

(4) TF0(TCON.5)：T0 溢出中断请求标志位,其功能与 TF1 类同。

(5) TR0(TCON.4)：T0 起/停控制位。1——启动,0——停止。

3. 定时器/计数器的工作方式

1) 工作方式 0

当 TMOD 中的 M1M2 设置成 00 时,定时器/计数器就工作在方式 0。工作方式 0 是 13 位定时器/计数器方式,可用来测量外信号的脉冲宽度所持续的时间。

2) 工作方式 1

工作方式 1 为 16 位定时器/计数器,其结构和操作方式与工作方式 0 基本相同,唯一的区别是工作方式 1 的计数器由 TL0 的 8 位和 TH0 的 8 位共同组成 16 位计数器,其定时时间为

$$t = (2^{16} - T0 \text{初值}) \times \text{时钟周期} \times 12$$

3) 工作方式 2

工作方式 2 为 8 位自动装入时间常数方式。工作方式 0 和工作方式 1 若用于循环重复定时/计数(如产生连续脉冲信号),每次计数满后溢出时,寄存器 TL0 和 TH0 全部为 0,所以第二次计数还得重新装入时间初值。这样不仅麻烦而且影响精度。工作方式 2 避免了上述缺陷,适用于较精确的定时脉冲信号发生器。它的定时时间为

$$t = (2^8 - T0 \text{初值}) \times \text{时钟周期} \times 12$$

4) 工作方式 3

工作方式 3 为特殊工作方式,只适用于 T0。除了它用的是 8 位寄存器 TL0 外,其功能和操作与工作方式 0 和工作方式 1 完全相同,可作定时器使用,也可用作计数器。但是,另一个计数器 TH0 只可以工作在内部定时器模式下。工作方式 3 为 T0 增加了一个 8 位的定时器。

任务实施

数字钟时间信号的产生主要依靠单片机内部定时器实现。程序的设计思路是:定时器 T0 工作在定时模式,采用工作方式 1,定时 50ms,20 次定时中断后正好对应时间为 1s。每经过 1s,秒变量加 1。当秒变量为 59 时,如果再加 1,则秒变量清零,分变量加 1。当分变量为 59 时,如果再加 1,则分变量清零,时变量加 1。当时变量为 23 时,如果再加 1,则时变量、分变量和秒变量全部清零,开始重新计时。定时器中断程序的流程图如

图 4.1 所示,程序具体编写如下。

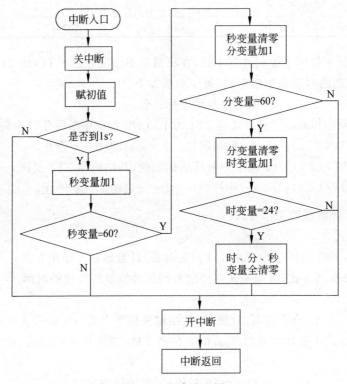

图 4.1 程序流程图

```
void time0() interrupt 1                    //定时器 T0 中断函数
{
    TR0=0;                                  //关 T0
    TH0=(65536-50000)/256;                  //重新赋值
    TL0=(65536-50000)%256;
    k++;
    if(k==20)                               //是否到 1 秒
    {
        k=0;                                //计数变量清零
        second++;                           //秒变量加 1
        if(second==60)                      //是否到 60s
        {
            second=0;                       //秒变量清零
            minite++;                       //分变量加 1
            if(minite==60)                  //是否到 60m
            {
                minite=0;                   //分变量清零
                hour++;                     //时变量加 1
                if(hour==24)                //是否到 24h
                {
```

```
            hour=0;                          //时变量清零
            minite=0;                        //分变量清零
            second=0;                        //秒变量清零
          }
        }
      }
    }
    TR0=1;                                   //开 T0
}
```

任务扩展

(1) 将定时器 T0 换为定时器 T1,实现时间信号的产生。

将 T0 换为 T1,程序流程不变,主要修改定时器的初始化、定时器初值、定时器中断函数名及其入口地址,程序代码如下。

```
void time1() interrupt 3                    //定时器 T1 中断函数
{
    TR1=0;                                   //关 T1
    TH1=(65536-50000)/256;                   //重新赋值
    TL1=(65536-50000)%256;
    k++;
    if(k==20)                                //是否到 1s
    {
      k=0;                                   //计数变量清零
      second++;                              //秒变量加 1
      if(second==60)                         //是否到 60s
      {
        second=0;                            //秒变量清零
        minite++;                            //分变量加 1
        if(minite==60)                       //是否到 60m
        {
          minite=0;                          //分变量清零
          hour++;                            //时变量加 1
          if(hour==24)                       //是否到 24h
          {
            hour=0;                          //时变量清零
            minite=0;                        //分变量清零
            second=0;                        //秒变量清零
          }
        }
      }
    }
    TR1=1;                                   //开 T1
}
```

（2）将定时器 T0 的定时时间修改为 20ms，实现时间信号的产生。

将定时器 T0 的定时时间修改为 20ms，主要修改定时器初值和定时中断循环次数。程序代码如下。

```
void time0() interrupt 1                //定时器 T0 中断函数
{
    TR0=0;                              //关 T0
    TH0=(65536-20000)/256;              //重新赋值
    TL0=(65536-20000)%256;
    k++;
    if(k==50)                           //是否到 1s
    {
        k=0;                            //计数变量清零
        second++;                       //秒变量加 1
        if(second==60)                  //是否到 60s
        {
            second=0;                   //秒变量清零
            minite++;                   //分变量加 1
            if(minite==60)              //是否到 60m
            {
                minite=0;               //分变量清零
                hour++;                 //时变量加 1
                if(hour==24)            //是否到 24h
                {
                    hour=0;             //时变量清零
                    minite=0;           //分变量清零
                    second=0;           //秒变量清零
                }
            }
        }
    }
    TR0=1;                              //开 T0
}
```

任务 2　简易数字钟——时间信号的显示

任务目标

（1）完成数字钟时间信号显示的电路设计。
（2）完成数字钟时间信号显示的程序设计。

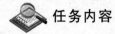
任务内容

（1）LCD1602 液晶显示器工作原理。

(2) 数字钟时间信号显示的电路设计。

(3) 数字钟时间信号显示的程序设计。

任务相关知识

本任务中用 LCD1602 液晶屏显示数字钟的时间信号。LCD1602 是字符型液晶显示模块,该模块是一种专门用于显示字母、数字、符号等的点阵式 LCD。

1. LCD1602 实物

常见的 LCD1602 字符型液晶显示器实物如图 4.2 所示。

图 4.2　LCD1602 字符型液晶显示器实物图

2. LCD1602 主要技术参数

(1) 显示容量:16×2 个字符。

(2) 芯片工作电压:4.5～5.5V。

(3) 工作电流:2.0mA(5.0V)。

(4) 模块最佳工作电压:5.0V。

(5) 字符尺寸:2.95mm×4.35mm(宽×高)。

3. LCD1602 引脚功能

LCD1602 各个引脚的功能如表 4.3 所示。

表 4.3 1602 引脚功能

编号	符号	引脚说明	编号	符号	引脚说明
1	VSS	电源地	9	D2	Data I/O
2	VDD	电源正极	10	D3	Data I/O
3	VL	液晶显示偏压信号	11	D4	Data I/O
4	RS	数据/命令选择端(H/L)	12	D5	Data I/O
5	R/W	读/写选择端(H/L)	13	D6	Data I/O
6	E	使能信号	14	D7	Data I/O
7	D0	Data I/O	15	BLA	背光源正极
8	D1	Data I/O	16	BLK	背光源负极

引脚1：VSS 为电源地。

引脚2：VDD 接 5V 电源正极。

引脚3：VL 为液晶显示器对比度调整端，接正电源时对比度最弱，接地时对比度最高。对比度过高时会产生"鬼影"，使用时可以通过一个 10kΩ 的电位器调整对比度。

引脚4：RS 为寄存器选择，高电平时选择数据寄存器，低电平时选择指令寄存器。

引脚5：R/W 为读/写信号线，高电平时进行读操作，低电平时进行写操作。当 RS 和 R/W 共同为低电平时，可以写入指令或者显示地址；当 RS 为低电平，R/W 为高电平时，可以读忙信号；当 RS 为高电平，R/W 为低电平时，可以写入数据。

引脚6：E 端为使能端，当 E 端由高电平跳变成低电平时，液晶模块执行命令。

引脚7~14：D0~D7 为 8 位双向数据线。

引脚15：背光源正极。

引脚16：背光源负极。

4. LCD1602 的指令

LCD1602 液晶模块内部的控制器共有 11 条控制指令，如表 4.4 所示。LCD1602 液晶模块的读/写操作、屏幕和光标的操作都是通过指令编程来实现的。

指令1：清显示，指令码 01H，光标复位到地址 00H 位置。

指令2：光标复位，光标返回地址 00H。

指令3：光标和显示模式设置。I/D——光标移动方向，高电平右移，低电平左移。S——屏幕上所有文字是否左移或者右移，高电平表示有效，低电平则无效。

指令4：显示开关控制。D——控制整体显示的开与关，高电平表示开显示，低电平表示关显示。C——控制光标的开与关，高电平表示有光标，低电平表示无光标。B——控制光标是否闪烁，高电平闪烁，低电平不闪烁。

指令5：光标或显示移位。S/C——高电平时移动显示的文字，低电平时移动光标。

指令6：功能设置命令。DL——高电平时为 4 位总线，低电平时为 8 位总线。N——低电平时为单行显示，高电平时为双行显示。F——低电平时显示 5×7 的点阵字符，高电平时显示 5×10 的点阵字符。

指令 7：字符发生器 RAM 地址设置。

指令 8：DDRAM 地址设置。

指令 9：读忙信号和光标地址。BF——忙标志位,高电平表示忙,此时模块不能接收命令或者数据,低电平表示不忙。

指令 10：写数据。

指令 11：读数据。

表 4.4 1602 指令表

序号	指 令	RS	R/W	D7	D6	D5	D4	D3	D2	D1	D0
1	清显示	0	0	0	0	0	0	0	0	0	1
2	光标返回	0	0	0	0	0	0	0	0	1	*
3	设置输入模式	0	0	0	0	0	0	0	1	I/D	S
4	显示开/关控制	0	0	0	0	0	0	1	D	C	B
5	光标或字符移位	0	0	0	0	0	1	S/C	R/L	*	*
6	设置功能	0	0	0	0	1	DL	N	F	*	*
7	设置字符发生存储器地址	0	0	0	1	字符发生存储器地址					
8	设置数据存储器地址	0	0	1	显示数据存储器地址						
9	读忙标志或地址	0	1	BF	计数器地址						
10	写数到 CGRAM 或 DDRAM	1	0	要写的数据内容							
11	从 CGRAM 或 DDRAM 读数	1	1	读出的数据内容							

5. LCD1602 控制器（HD44780 及兼容芯片）读写时序

LCD1602 控制器接口的读/写时序如图 4.3 和图 4.4 所示,时序参数如表 4.5 所示。

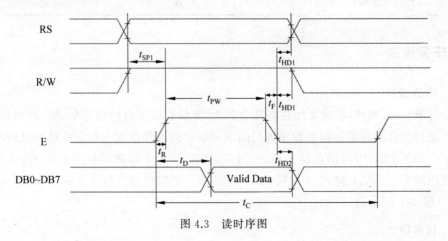

图 4.3 读时序图

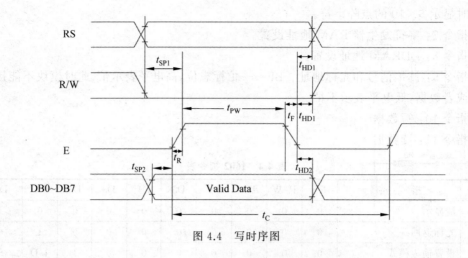

图 4.4 写时序图

表 4.5 时序参数表

时序参数	符号	极限值			单位	测试条件
		最小值	典型值	最大值		
E 信号周期	t_C	400	—	—	ns	
E 脉冲宽度	t_{PW}	150	—	—	ns	引脚 E
E 上升沿/下降沿时间	t_R、t_F	—	—	25	ns	
地址建立时间	t_{SP1}	30	—	—	ns	引脚 E、RS、R/W
地址保持时间	t_{HD1}	10	—	—	ns	
数据建立时间(读操作)	t_D	—	—	100	ns	
数据保持时间(读操作)	t_{HD2}	20	—	—	ns	引脚 DB0~DB7
数据建立时间(写操作)	t_{SP2}	40	—	—	ns	
数据保持时间(写操作)	t_{HD2}	10	—	—	ns	

任务实施

1. 电路设计

打开 Proteus 软件,新建文件并将其命名为"简易数字钟时间信号显示",绘制如图 4.5 所示的硬件仿真电路图。简易数字钟时间信号显示的硬件仿真电路图在单片机最小系统电路上增加了 LCD1602 液晶显示模块。LCD1602 的三个控制端口 RS、R/W 和 E 分别与单片机的 P2.0、P2.1 和 P2.2 连接,LCD1602 的 8 个数据端口与单片机的 P0 端口连接,P0 端口增加上拉电阻。

2. 程序设计

打开 Keil 软件,新建工程并将其命名为 4-2。在工程中添加 4-2.c 文件,根据图 4.5 所

项目 4　简易数字钟的设计

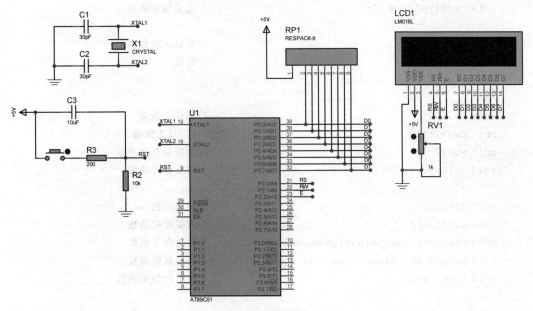

图 4.5　数字钟时间信号显示仿真电路图（Proteus 绘制）

示的硬件仿真电路及其工作原理设计软件,程序流程图如图 4.6 所示。时钟数据的产生参照任务 1 中的介绍。图 4.7 所示为液晶显示流程图。

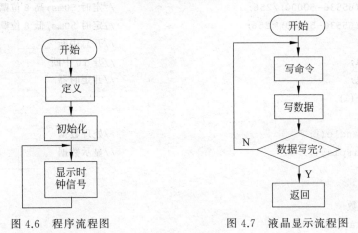

图 4.6　程序流程图　　　　　图 4.7　液晶显示流程图

程序的设计思路是：程序开始,首先完成定义,包括定义液晶显示器控制端口、显示数组、时分秒变量,然后进入主函数。在主函数里,先进行定时器和液晶的初始化,初始化完成后进入主循环,主循环里循环调用显示函数。定时器中断函数产生时钟信号。程序代码如下。

```
#include <reg51.h>
#define uchar unsigned char
#define uint  unsigned int
uchar buffer[]="00-00-00";                        //定义显示数组
```

```c
    uchar msg[]="time :";                           //定义显示数组

    uint num;                                       //要显示的数据
    uchar k;                                        //计数
    uchar second,minite,hour;

    sbit E=P2^2;                                    //液晶使能端
    sbit RW=P2^1;                                   //读/写选择端
    sbit RS=P2^0;                                   //数据命令选择端
    void delay(uint i);                             //定义延时函数

    void display();                                 //显示函数
    void handle();                                  //数据处理函数
    void SendCommandByte(unsigned char ch);         //发送命令函数
    void SendDataByte(unsigned char ch);            //发送数据函数
    void InitLcd();                                 //液晶初始化函数

    void main()
    {
        InitLcd();                                  //初始化液晶
        TMOD=0x01;                                  //设置 T0 工作方式:定时,方式 1
        TH0=(65536-50000)/256;                      //定时 50ms,高 8 位赋值
        TL0=(65536-50000)%256;                      //定时 50ms,低 8 位赋值
        EA=1;                                       //开总中断
        ET0=1;                                      //开 T0 中断
        TR0=1;                                      //开定时器
        while(1)
        {
            handle();                               //处理数据
            display();                              //显示数据
        }
    }
    //延时函数
    void delay(uint i)
    {
      uint x,y;
      for(x=i;x>0;x--)
        for(y=1;y>0;y--);
    }

    //发送命令函数
    void SendCommandByte(unsigned char ch)
    {
        RS=0;
```

```c
        RW=0;
        P0=ch;
        E=1;
        delay(1);
        E=0;
        delay(100);
}
//发送数据函数
void SendDataByte(unsigned char ch)
{
        RS=1;
        RW=0;
        P0=ch;
        E=1;
        delay(1);
        E=0;
        delay(100);
}
//液晶初始化函数
void InitLcd()
{

        SendCommandByte(0x38);          //设置工作方式
        SendCommandByte(0x0c);          //显示状态设置
        SendCommandByte(0x01);          //清屏
        SendCommandByte(0x06);          //输入方式设置
}


void time0() interrupt 1              //定时器T0中断函数
{
        TR0=0;                         //关T0
        TH0=(65536-50000)/256;         //重新赋值
        TL0=(65536-50000)%256;
        k++;
        if(k==20) //1s 到?
        {
           k=0;                        //计数变量清零
           second++;                   //秒变量加1
           if(second==60)              //是否到60s
           {
              second=0;                //秒变量清零
              minite++;                //分变量加1
              if(minite==60)           //是否到60m
```

```c
            {
                minite=0;                       //分变量清零
                hour++;                         //时变量加 1
                if(hour==24)                    //是否到 24h
                {
                    hour=0;                     //时变量清零
                    minite=0;                   //分变量清零
                    second=0;                   //秒变量清零
                }
            }
        }
    }
    TR0=1;                                      //开 T0
}
//数据处理函数
void handle()
{
    buffer[7]=second%10+'0';                    //取秒个位
    buffer[6]=second/10+'0';                    //取秒十位
    buffer[4]=minite%10+'0';                    //取分个位
    buffer[3]=minite/10+'0';                    //取分十位
    buffer[1]=hour%10+'0';                      //取小时个位
    buffer[0]=hour/10+'0';                      //取小时十位
}

//显示函数
void display()
{
    unsigned   char i;
    SendCommandByte(0x86);                      //设置显示位置
    
    for(i=0;i<9;i++)
    {
        SendDataByte(msg[i]);                   //显示数据
    }
    SendCommandByte(0xC6);                      //设置显示位置
    
    for(i=0;i<8;i++)
    {
        SendDataByte(buffer[i]);                //显示数据
    }
}
```

任务扩展

将 LCD 液晶显示器改为 LED 数码管显示器,进行数字钟时间信号显示。仿真电路图如图 4.8 所示,用八位数码管进行显示,显示形式为 00-00-00。数码管的使用在前面项目任务中已经讲解,这里不再赘述。

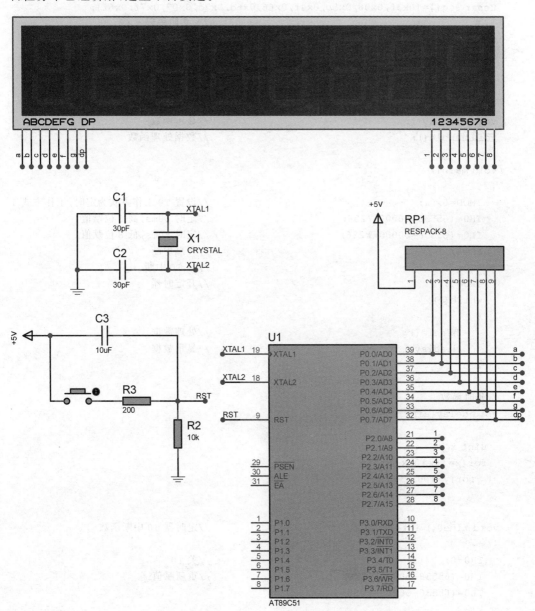

图 4.8　数字钟的 LED 显示仿真电路图(Proteus 绘制)

程序代码如下。

```c
#include <reg51.h>
#define uchar unsigned char
#define uint  unsigned int
uchar buffer[]={0,0,0,0,0,0,0,0};
uchar seg[]={0x3f,0x06,0x5b,0x4f,0x66,0x6d,0x7d,0x07,0x7f,0x6f};
                                            /*共阴段码*/
uchar wei[]={0x7f,0xbf,0xef,0xf7,0xfd,0xfe};  //数码管位码数组
uint num;                                     //要显示的数据
uchar k;                                      //计数
uchar second,minite,hour;                     //时间变量
void delay(uint i);                           //定义延时函数
void display();                               //显示函数
void handle();                                //数据处理函数

void main()
{
    TMOD=0x01;                                //设置T0工作方式为定时,工作方式1
    TH0=(65536-50000)/256;                    //定时50ms,高8位赋值
    TL0=(65536-50000)%256;                    //定时50ms,低8位赋值
    EA=1;                                     //开总中断
    ET0=1;                                    //开T0中断
    TR0=1;                                    //开定时器
    while(1)
    {
        handle();                             //处理数据
        display();                            //显示数据
    }
}
//延时函数
void delay(uint i)
{
  uint x,y;
  for(x=i;x>0;x--)
    for(y=100;y>0;y--);
}

void time0() interrupt 1                      //定时器T0中断函数
{
    TR0=0;                                    //关T0
    TH0=(65536-50000)/256;                    //重新赋值
    TL0=(65536-50000)%256;
    k++;
    if(k==20)                                 //是否到1s
    {
      k=0;                                    //计数变量清零
      second++;                               //秒变量加1
      if(second==60)                          //是否到60s
```

```c
            {
                second=0;                          //秒变量清零
                minite++;                          //分变量加1
                if(minite==60)                     //是否到60m
                {
                    minite=0;                      //分变量清零
                    hour++;                        //时变量加1
                    if(hour==24)                   //是否到24h
                    {
                        hour=0;                    //时变量清零
                        minite=0;                  //分变量清零
                        second=0;                  //秒变量清零
                    }
                }
            }
        TR0=1;                                     //开T0
}
//数据处理函数
void handle()
{
    buffer[0]=second%10;                           //取秒个位
    buffer[1]=second/10;                           //取秒十位

    buffer[2]=minite%10;                           //取分个位
    buffer[3]=minite/10;                           //取分十位

    buffer[4]=hour%10;                             //取小时个位
    buffer[5]=hour/10;                             //取小时十位
}
//显示函数
void display()
{
    uchar i;
    for(i=0;i<6;i++)
    {
        P2=wei[i];
        P0=seg[buffer[i]];
        delay(1);
    }
        //横杠显示
        P2=0xfb;                                   //送位码
        P0=0x40;                                   //送段码
        delay(5);                                  //延时

        P2=0xdf;                                   //送位码
        P0=0x40;                                   //送段码
        delay(5);                                  //延时
}
```

任务3 简易数字钟——时间信号的调整

任务目标

（1）完成数字钟时间信号调整的电路设计。
（2）完成数字钟时间信号调整的程序设计。

任务内容

（1）数字钟时间信号调整的工作原理。
（2）数字钟时间信号调整的电路设计。
（3）数字钟时间信号调整的程序设计。

任务相关知识

本任务中设计的简易数字钟不但能显示时、分、秒，还可以进行时、分、秒的调整，从而能进行时间校准。时间的调整通过按键实现，共使用三个键，分别可以调整时、分、秒三个数据的值。每按一次键，对应时间变量加1，当加满时（时变量为24，分变量为60，秒变量为60），时间变量清零。

任务实施

1. 电路设计

打开 Proteus 软件，新建文件并将其命名为"简易数字钟时间信号调整"。时间信号可以调整的硬件仿真电路如图4.9所示。在图4.5所示仿真电路图的基础上增加时、分两个调整按键，两个按键分别连接单片机的 P1.0 和 P1.1 端口。按键的工作原理在前面的项目中已经讲解过，这里不再赘述。

2. 程序设计

打开 Keil 软件，新建工程并将其命名为4-3。在工程中添加4-3.c 文件，根据图4.9所示的硬件仿真电路及其工作原理设计软件，程序流程图如图4.10所示。程序的设计思路是：程序开始，首先完成定义，主要定义按键端口、液晶控制端口、显示数组、时、分、秒变量。然后进入主函数，在主函数中先进行定时器初始化和液晶初始化，接着进入主循环，在主循环里循环调用按键扫描函数和显示函数。按键扫描函数完成时间变量的调整，显示函数显示时间信号，时间信号主要由定时器中断产生。程序代码如下。

```
#include <reg51.h>
#define uchar unsigned char
#define uint  unsigned int
uchar buffer[]="00-00-00";                  //显示数组
uchar msg[]="time :";                       //显示数组
```

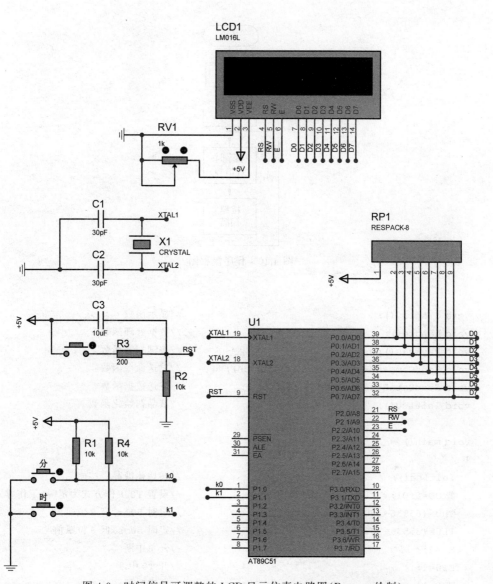

图 4.9 时间信号可调整的 LCD 显示仿真电路图(Proteus 绘制)

```
uint num;                          //要显示的数据
uchar k;                           //计数
uchar second,minite,hour;          //时间变量

sbit K0=P1^0;                      //按键端口定义
sbit K1=P1^1;

sbit E=P2^2;                       //液晶使能端
sbit RW=P2^1;                      //读/写选择端
sbit RS=P2^0;                      //数据命令选择端
void delay(uint i);                //定义延时函数
```

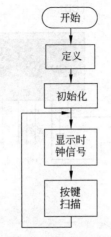

图 4.10 程序流程图

```
void display();                              //显示函数
void handle();                               //数据处理函数
void keyscan();                              //按键扫描函数
void SendCommandByte(unsigned char ch);      //发送命令函数
void SendDataByte(unsigned char ch);         //发送数据函数
void InitLcd();                              //液晶初始化函数

void main()
{
    InitLcd();                               //初始化液晶
    TMOD=0x01;                               //设置T0工作方式为定时,工作方式1
    TH0=(65536-50000)/256;                   //定时50ms,高8位赋值
    TL0=(65536-50000)%256;                   //定时50ms,低8位赋值
    EA=1;                                    //开总中断
    ET0=1;                                   //开T0中断
    TR0=1;                                   //开定时器
    while(1)
    {
        keyscan();
        handle();                            //处理数据
        display();                           //显示数据
    }
}
//延时函数
void delay(uint i)
{
    uint x,y;
    for(x=i;x>0;x--)
```

```
    for(y=1;y>0;y--);
}
void keyscan()
{

   if(K0==0)
   {
     while(!K0)
     {
        display();
     }

      minite++;
      if(minite==60)
      {
        minite=0;
      }
   }
   if(K1==0)
   {
     while(!K1)
     {
        display();
     }

      hour++;
      if(hour==24)
      {
        hour=0;
      }
   }
}
//发送命令函数
void SendCommandByte(unsigned char ch)
{
   RS=0;
   RW=0;
   P0=ch;
   E=1;
   delay(1);
   E=0;
   delay(100);
}
//发送数据函数
```

```c
void SendDataByte(unsigned char ch)
{
   RS=1;
   RW=0;
   P0=ch;
   E=1;
   delay(1);
   E=0;
   delay(100);
}
//液晶初始化函数
void InitLcd()
{
   SendCommandByte(0x38);               //设置工作方式
   SendCommandByte(0x0c);               //显示状态设置
   SendCommandByte(0x01);               //清屏
   SendCommandByte(0x06);               //输入方式设置
}

void time0() interrupt 1                //定时器 T0 中断函数
{
   ET0=0;                               //关 T0
   TH0=(65536-50000)/256;               //重新赋值
   TL0=(65536-50000)%256;
   k++;
   if(k==20)
   {
     k=0;
     second++;
     if(second==60)
     {
        second=0;
        minite++;
        if(minite==60)
        {
           minite=0;
           hour++;
           if(hour==24)
           {
              hour=0;
              minite=0;
              second=0;
           }
        }
```

        }
    }
    ET0=1;   //开 T0
}
//数据处理函数
void handle()
{
    buffer[7]=second%10+'0';   //取秒个位
    buffer[6]=second/10+'0';   //取秒十位

    buffer[4]=minite%10+'0';   //取分个位
    buffer[3]=minite/10+'0';   //取分十位

    buffer[1]=hour%10+'0';   //取小时个位
    buffer[0]=hour/10+'0';   //取小时十位
}

//显示函数
void display()
{
    unsigned char i;
    SendCommandByte(0x86);   //设置显示位置

    for(i=0;i<9;i++)
    {
        SendDataByte(msg[i]);   //显示数据
    }
    SendCommandByte(0xC5);   //设置显示位置

    for(i=0;i<8;i++)
    {
        SendDataByte(buffer[i]);   //显示数据
    }
}

任务扩展

（1）将 LCD 显示器改为 LED 显示器，实现数字钟时间显示和调整功能。

在图 4.8 的基础上增加两个按键，如图 4.11 所示，程序流程图如图 4.10 所示，程序代码如下。

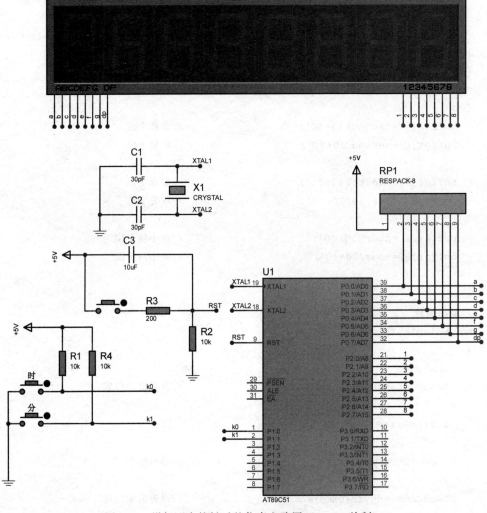

图 4.11 增加两个按键后的仿真电路图（Proteus 绘制）

```
#include<reg51.h>
#define uchar unsigned char
#define uint  unsigned int
uchar buffer[]={0,0,0,0,0,0};
uchar seg[]={0x3f,0x06,0x5b,0x4f,0x66,0x6d,0x7d,0x07,0x7f,0x6f};
                                        //共阴段码
uchar wei[]={0x7f,0xbf,0xef,0xf7,0xfd,0xfe};  //数码管位码
uint num;                               //要显示的数据
uchar k;                                //计数
uchar second,minite,hour;               //时间变量
sbit K0=P1^0;                           //按键端口定义
sbit K1=P1^1;
void delay(uint i);                     //定义延时函数
```

```c
void display();                              //显示函数
void keyscan();                              //按键扫描函数
void handle();                               //数据处理函数
void main()
{
    TMOD=0x01;                               //设置 T0 工作方式为,定时,方式 1
    TH0=(65536-50000)/256;                   //定时 50ms,高 8 位赋值
    TL0=(65536-50000)%256;                   //定时 50ms,低 8 位赋值
    EA=1;                                    //开总中断
    ET0=1;                                   //开 T0 中断
    TR0=1;                                   //开定时器
    while(1)
    {
        keyscan();
        handle();                            //处理数据
        display();                           //显示数据
    }
}
//延时函数
void delay(uint i)
{
  uint x,y;
  for(x=i;x>0;x--)
    for(y=100;y>0;y--);
}
void keyscan()
{
    if(K0==0)
    {
        while(!K0)                           //等待按键抬起
        {
            display();
        }
        hour++;
        if(hour==24)
        {
            hour=0;
        }
    }
    if(K1==0)
    {
        while(!K1)
        {
            display();
```

```c
            }
        minite++;
        if(minite==60)
            {
             minite=0;
            }
        }
    }
    void time0() interrupt 1                    //定时器 T0 中断函数
    {
      TR0=0;                                    //关 T0
      TH0=(65536-50000)/256;                    //重新赋值
      TL0=(65536-50000)%256;
      k++;
      if(k==20)
        {
         k=0;
         second++;
         if(second==60)
            {
             second=0;
             minite++;
             if(minite==60)
                {
                 minite=0;
                 hour++;
                 if(hour==24)
                    {
                     hour=0;
                     minite=0;
                     second=0;
                    }
                }
            }
        }
      TR0=1;                                    //开 T0
    }
    //数据处理函数
    void handle()
    {
      buffer[0]=second%10;                      //取秒个位
      buffer[1]=second/10;                      //取秒十位
      buffer[2]=minite%10;                      //取分个位
```

```c
    buffer[3]=minite/10;                    //取分十位
    buffer[4]=hour%10;                      //取小时个位
    buffer[5]=hour/10;                      //取小时十位
}
//显示函数
void display()
{
    uchar i;
    for(i=0;i<6;i++)
    {
        P2=wei[i];
        P0=seg[buffer[i]];
        delay(1);
    }
    //横杠显示
    P2=0xfb;                                //送位码
    P0=0x40;                                //送段码
    delay(5);                               //延时
    P2=0xdf;                                //送位码
    P0=0x40;                                //送段码
    delay(5);                               //延时
}
```

（2）显示器采用 LED 数码管显示，调整两个按键的功能，一个按键负责时、分的选择，一个按键负责时间变量的调整。

仿真电路图如图 4.12 所示，开始运行，时钟开始计时，选择键选择要调整的数据（时变量和分变量），调整键进行时、分两个变量的加 1 调整。程序代码如下。

```c
#include <reg51.h>
#define uchar unsigned char
#define uint  unsigned int
uchar buffer[]={0,0,0,0,0,0};
uchar seg[]={0x3f,0x06,0x5b,0x4f,0x66,0x6d,0x7d,0x07,0x7f,0x6f};
                                            //共阴段码
uchar wei[]={0x80,0x40,0x10,0x08,0x02,0x01};
uint num;                                   //要显示的数据
uchar k;                                    //计数
uchar second,minite,hour;
uchar flag;                                 //按键变量
sbit K0=P1^0;                               //按键端口定义
sbit K1=P1^1;                               //按键端口定义
void delay(uint i);                         //定义延时函数
void display();                             //显示函数
void keyscan();                             //按键扫描函数
void handle();                              //数据处理函数
```

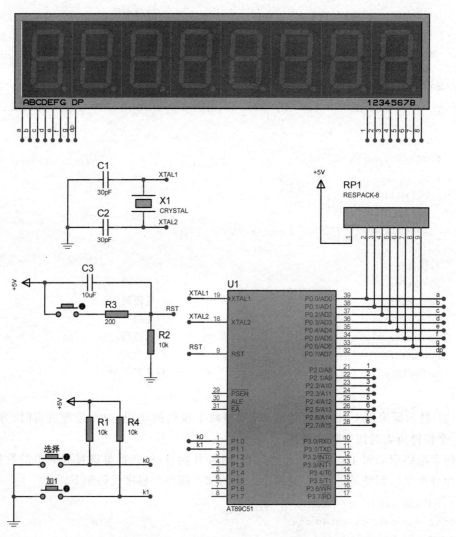

图 4.12 两按键调整时间信号 LED 显示电路图（Proteus 绘制）

```
void main()
{
   TMOD=0x01;                       //设置 T0 工作方式为定时,工作方式 1
   TH0=(65536-50000)/256;           //定时 50ms,高 8 位赋值
   TL0=(65536-50000)%256;           //定时 50ms,低 8 位赋值
   EA=1;                            //开总中断
   ET0=1;                           //开 T0 中断
   TR0=1;                           //开定时器
   while(1)
   {
       keyscan();
       handle();                    //处理数据
       display();                   //显示数据
```

```
        }
    }
//延时函数
void delay(uint i)
{
    uint x,y;
    for(x=i;x>0;x--)
        for(y=100;y>0;y--);
}
void keyscan()
{
    if(K0==0)
    {
        while(!K0)                          //等待按键抬起
        {
            display();
        }
        flag++;
        if(flag==2)
        {
            flag=0;
        }
    }
    if(K1==0)
    {
        while(!K1)
        {
            display();
        }
        if(flag==0)
        {
            minite++;
            if(minite==60)
            {
                minite=0;
            }
        }
        if(flag==1)
        {
            hour++;
            if(hour==24)
            {
                hour=0;
            }
```

```c
        }
      }
    }
    void time0() interrupt 1                //定时器 T0 中断函数
    {
      TR0=0;                                //关 T0
      TH0=(65536-50000)/256;                //重新赋值
      TL0=(65536-50000)%256;
      k++;
      if(k==20)
      {
       k=0;
       second++;
       if(second==60)
        {
           second=0;
           minite++;
           if(minite==60)
           {
             minite=0;
             hour++;
             if(hour==24)
             {
               hour=0;
               minite=0;
               second=0;
             }
           }
        }
      }
      TR0=1;                                //开 T0
    }
    //数据处理函数
    void handle()
    {
      buffer[0]=second%10;                  //取秒个位
      buffer[1]=second/10;                  //取秒十位
      buffer[2]=minite%10;                  //取分个位
      buffer[3]=minite/10;                  //取分十位
      buffer[4]=hour%10;                    //取小时个位
      buffer[5]=hour/10;                    //取小时十位
    }
    //显示函数
    void display()
```

```c
{
    uchar i;
    for(i=0;i<6;i++)
    {
        P2=~wei[i];
        P0=seg[buffer[i]];
        delay(1);
    }
    //横杠显示
    P2=0xdf;
    P0=0x40;
    delay(1);
    P2=0xfb;
    P0=0x40;
    delay(1);
}
```

（3）显示器采用 LCD 液晶显示，调整两个按键的功能，一个按键负责时、分的选择，一个按键负责时间变量的调整。

仿真电路图如图 4.13 所示。开始运行，时钟开始计时，选择键选择要调整的数据（时变量和分变量），调整键进行时、分两个变量的加 1 调整。具体程序编写如下。

```c
#include <reg51.h>
#define uchar unsigned char
#define uint  unsigned int
uchar buffer[]="00-00-00";              //显示数组
uchar msg[]="time :";                   //显示数组
uint num;                               //要显示的数据
uchar k;                                //计数
uchar second,minite,hour;               //时间变量
uchar flag;
sbit K0=P1^0;                           //按键端口定义
sbit K1=P1^1;
sbit E=P2^2;                            //液晶使能端
sbit RW=P2^1;                           //读写选择端
sbit RS=P2^0;                           //数据命令选择端
void delay(uint i);                     //定义延时函数
void display();                         //显示函数
void handle();                          //数据处理函数
void keyscan();                         //按键扫描函数
void SendCommandByte(unsigned char ch); //发送命令函数
void SendDataByte(unsigned char ch);    //发送数据函数
void InitLcd();                         //液晶初始化函数
```

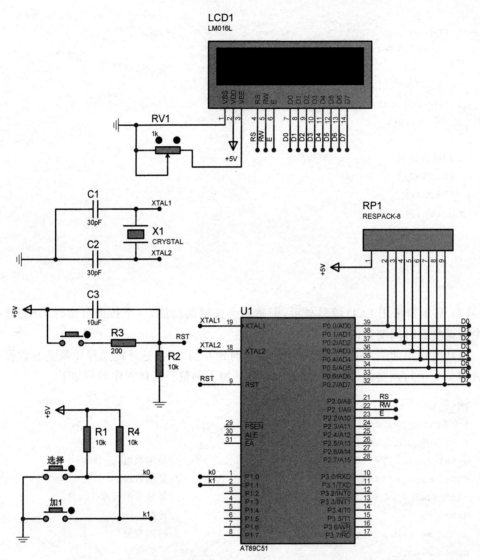

图 4.13 两个按键调整时间信号 LCD 显示仿真电路图（Proteus 绘制）

```
void main()
{
    InitLcd();                      //初始化液晶
    TMOD=0x01;                      //设置 T0 工作方式为定时,工作方式 1
    TH0=(65536-50000)/256;          //定时 50ms,高 8 位赋值
    TL0=(65536-50000)%256;          //定时 50ms,低 8 位赋值
    EA=1;                           //开总中断
    ET0=1;                          //开 T0 中断
    TR0=1;                          //开定时器
    while(1)
    {
```

```
        keyscan();
        handle();                    //处理数据
        display();                   //显示数据
    }
}
//延时函数
void delay(uint i)
{
    uint x,y;
    for(x=i;x>0;x--)
        for(y=1;y>0;y--);
}
void keyscan()
{
    if(K0==0)
    {
        while(!K0)
        {
            display();
        }
        flag++;
        if(flag==2)
        {
            flag=0;
        }
    }
    if(K1==0)
    {
        while(!K1)
        {
            display();
        }
        if(flag==0)
        {
            minite++;
            if(minite==60)
            {
                minite=0;
            }
        }
        if(flag==1)
        {
            hour++;
            if(hour==24
```

```c
            {
                hour=0;
            }
        }
    }
}
//发送命令函数
void SendCommandByte(unsigned char ch)
{
    RS=0;
    RW=0;
    P0=ch;
    E=1;
    delay(1);
    E=0;
    delay(100);
}
//发送数据函数
void SendDataByte(unsigned char ch)
{
    RS=1;
    RW=0;
    P0=ch;
    E=1;
    delay(1);
    E=0;
    delay(100);
}
//液晶初始化函数
void InitLcd()
{

    SendCommandByte(0x38);              //设置工作方式
    SendCommandByte(0x0c);              //显示状态设置
    SendCommandByte(0x01);              //清屏
    SendCommandByte(0x06);              //输入方式设置
}
void time0() interrupt 1               //定时器T0中断函数
{
    ET0=0;                              //关T0
    TH0=(65536-50000)/256;              //重新赋值
    TL0=(65536-50000)%256;
    k++;
    if(k==20)
    {
        k=0;
```

```c
        second++;
        if(second==60)
        {
            second=0;
            minite++;
            if(minite==60)
            {
                minite=0;
                hour++;
                if(hour==24)
                {
                    hour=0;
                    minite=0;
                    second=0;
                }
            }
        }
    }
    ET0=1;                                          //开 T0
}
//数据处理函数
void handle()
{
    buffer[7]=second%10+'0';                        //取秒个位
    buffer[6]=second/10+'0';                        //取秒十位
    buffer[4]=minite%10+'0';                        //取分个位
    buffer[3]=minite/10+'0';                        //取分十位
    buffer[1]=hour%10+'0';                          //取小时个位
    buffer[0]=hour/10+'0';                          //取小时十位
}
//显示函数
void display()
{
    unsigned  char i;
    SendCommandByte(0x86);                          //设置显示位置
    for(i=0;i<9;i++)
    {
        SendDataByte(msg[i]);                       //显示数据
    }
    SendCommandByte(0xC5);                          //设置显示位置
    for(i=0;i<8;i++)
    {
        SendDataByte(buffer[i]);                    //显示数据
    }
}
```

项目 5

简易数字电压表的设计

项目目标

(1) 理解简易数字电压表的工作原理。
(2) 学会简易数字电压表的电路设计方法。
(3) 学会简易数字电压表的程序设计方法。

项目任务

(1) 简易数字电压表的电路设计。
(2) 简易数字电压表的程序设计。

项目相关知识

在电量的测量中,电压、电流和频率是最基本的三个被测量。其中,电压量的测量应用最为广泛。随着电子技术的发展,测量也开始追求更高的精度。为了能使被测量的电压更准确,数字电压表就成了一种必不可少的仪器。数字电压表简称 DVM,由于采用了数字化的测量技术,可以将连续的模拟量转换成不连续、离散的数字形式,随后将测得的结果通过显示器显示出来,较传统的指针式刻度电压表有如下优点。

(1) 显示清晰直观,读数准确:数字电压表能避免人为测量误差(如视差),保证读数的客观性与准确性;同时它符合人们的读数习惯,能缩短读数和记录的时间,具备标识符显示功能,包括测量项目符号、单位符号和特殊符号。

(2) 准确度高:数字电压表的准确度远优于模拟式电压表。例如,$3\frac{1}{2}$ 位、$4\frac{1}{2}$ 位 DVM 的准确度分别可达 $\pm 0.1\%$、$\pm 0.02\%$。

(3) 分辨率高:分辨率是指所能显示的最小数字(零除外)与最大数字的百分比。数字电压表在最低电压量程上末位 1 个数字代表电压值,反映仪表灵敏度的高低,且随显示位数的增加而提高。

(4) 扩展能力强:在数字电压表的基础上可扩展成各种通用及专用数字仪表、数字多用表(DMM)和智能仪器,以满足不同的需要。如通过转换电路测量交直流电压、电流,通过特性运算可测量峰值、有效值、功率等,通过变化适配可测量频率、周期、相位等。

(5) 测量速率快:数字电压表在每秒内对被测电压的测量次数称为测量速率,单位是"次/秒"。主要取决于 A/D 转换器的转换速率,其倒数是测量周期。3½位、5½位 DVM 的测量速率分别为几次/秒、几十次/秒。8½位 DVM 采用降位的方法,测量速率可达 10 万次/秒。

(6) 输入阻抗高:数字电压表的输入阻抗通常为 10MΩ～10000MΩ,最高可达 1TΩ。在测量时从被测电路上吸取的电流极小,不会影响被测信号源的工作状态,能减小由信号源内阻引起的测量误差。

(7) 抗干扰能力强:5½位以下的 DVM 大多采用积分式 A/D 转换器,其串模抑制比 (SMR)、共模抑制比(CMR)分别可达 100dB、80～120dB。高档 DVM 还采用数字滤波、浮地保护等先进技术,进一步提高了抗干扰能力,CMR 可达 180dB。

(8) 集成度高,微功耗:新型数字电压表普遍采用 CMOS 大规模集成电路,整机功耗很低。

由于以上几点,DVM 已大面积替代那些不能满足数字时代的指针式电压表。而采用单片机的数字电压表,其抗干扰能力和可扩展性将得到进一步提升。影响数字电压表精度的主要部件则是 A/D(模—数)转换器。A/D 转换器的转换精度越高,则数字电压表的精度就越高。数字电压表的质量高低,除了工艺方面的问题之外,还与单片机和 A/D 转换器的优劣紧密相关。

本项目的主要工作是以单片机为主控制器,设计一款简易数字电压表。电压表的显示部分采用 LCD1602 液晶显示器,电压表的 A/D 采用 12 位串行模数转换器 TLC2543。

任务 1　简易数字电压表的信号采集

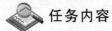
任务目标

(1) 理解简易数字电压表电压信号产生原理。
(2) 完成简易数字电压表电压信号的采集。

任务内容

(1) A/D 转换器 TLC254 的工作原理。
(2) 简易数字表电压信号的采集。

任务相关知识

在 A/D 转换器中,因为输入的模拟信号在时间上是连续的而输出的数字信号则是离散的,所以转换只能在一系列选定的瞬间对输入的模拟信号取样,然后将这些取样值转换成输出的数字量。因此 A/D 转换时首先要对输入的模拟信号取样,取样结束后进入保持时间,在这段时间内将取样的模拟量转换为数字量,并按一定的编码形式给出转换结果。然后,开始下一次取样。

TLC2543 是 11 个输入端的 12 位模数转换器,具有转换快、稳定性好、与微处理器接口简单、价格低等优点。

1. TLC2543 特点

（1）A/D 转换器具有 12 位分辨率。

（2）在工作温度范围内转换时间为 $10\mu s$。

（3）具有 11 个模拟输入通道。

（4）具有 3 路内置自测试方式。

（5）采样率为 66KB/s。

（6）线性误差为＋1LSB(max)。

（7）具有转换结束(EOC)输出。

（8）具有单、双极性输出。

（9）具有可编程的 MSB 或 LSB 前导。

（10）输出数据长度可编程。

2. TLC2543 的引脚分布及功能

TLC2543 的引脚分布如图 5.1 所示，各引脚功能说明如下。

（1）1～9、11、12——AIN0～AIN10 为模拟输入端。

（2）15——CS 为片选端。

（3）17——DIN 为串行数据输入端(控制字输入端，用于选择转换及输出数据格式)。

（4）16——DOUT 为 A/D 转换结果的三态串行输出端(A/D 转换结果的输出端)。

（5）19——EOC 为转换结束端。

（6）18——CLK 为 I/O 时钟(控制输入输出的时钟，由外部输入)。

（7）14——REF＋为正基准电压端。

（8）13——REF－为负基准电压端。

（9）20——VCC 为电源。

（10）10——GND 为地。

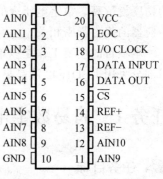

图 5.1　TLC 引脚分布图

3. TLC2543 的简要工作过程

TLC2543 的工作过程分为以下两个周期。

1) I/O 周期

I/O 周期由外部提供的 I/O CLOCK 定义，延续 8、12 或 16 个时钟周期，决定于选定的输出数据长度。器件进入 I/O 周期后同时进行两种操作。

在 I/O CLOCK 的前 8 个脉冲的上升沿，以 MSB 前导方式从 DATA INPUT 端输入 8 位数据流到输入寄存器。其中前 4 位为模拟通道地址，控制 14 通道模拟多路器从 11 个模拟输入和三个内部测电压中选通一路送到采样保持电路，该电路从第 4 个 I/O CLOCK 脉冲的下降沿开始对所选信号进行采样，直到最后一个 I/O CLOCK 脉冲的下降沿。I/O 周期的时钟脉冲个数与输出数据长度(位数)同时由输入数据的 D3、D2 位选择为 8、12 或 16。当工作于 12 或 16 位时，在前 8 个时钟脉冲之后，DATA INPUT

无效。

在 DATA OUT 端串行输出 8、12 或 16 位数据。当 CS 保持为低时,第一个数据出现在 EOC 的上升沿。若转换由 CS 控制,则第一个输出数据发生在 CS 的下降沿。这个数据串是前一次转换的结果,在第一个输出数据位之后的每个后续位均由后续的 I/O 时钟下降沿输出。

2) 转换周期

在 I/O 周期的最后一个 I/O CLOCK 下降沿之后,EOC 变低,采样值保持不变,转换周期开始,片内转换器对采样值进行逐次逼近式 A/D 转换,其工作由与 I/O CLOCK 同步的内部时钟控制。转换完成后 EOC 变高,转换结果锁存在输出数据寄存器中,待下一个 I/O 周期输出。I/O 周期和转换周期交替进行,从而可减少外部的数字噪声对转换精度的影响。

4. TLC2543 的使用方法

1) 控制字的格式

控制字为从 DATAINPUT 端串行输入的 8 位数据,它规定了 TLC2543 要转换的模拟量通道、转换后的输出数据长度、输出数据的格式。

高 4 位(D7~D4)决定通道号,对于 0 通道至 10 通道,该 4 位分别为 0000~1010H。当为 1011~1101 时,用于对 TLC2543 的自检,分别测试 VREF+ 与 VREF- 的平均值、VREF-、VREF+ 的值;当为 1110 时,TLC2543 进入休眠状态。低 4 位决定输出数据长度及格式,D3、D2 决定输出数据长度,01 表示输出数据长度为 8 位;11 表示输出数据长度为 16 位;其他为 12 位。D1 决定输出数据是高位先送出,还是低位先送出,为 0 表示高位先送出。D0 决定输出数据是单极性(二进制)还是双极性(2 的补码),若为单极性,该位为 0,反之为 1。

2) 转换过程

(1) 上电后,片选 CS 必须从高到低,才能开始一次工作周期,此时 EOC 为高,输入数据寄存器被置为 0,输出数据寄存器的内容是随机的。

(2) 开始时,CS 片选为高,I/O CLOCK、DATA INPUT 被禁止,DATA OUT 呈高阻状,EOC 为高。

(3) 使 CS 变低,I/O CLOCK、DATA INPUT 使能,DATA OUT 脱离高阻状态。12 个时钟信号从 I/O CLOCK 端依次加入,随着时钟信号的加入,控制字从 DATA INPUT 一位一位地在时钟信号的上升沿时被送入 TLC2543(高位先送入),同时上一周期转换的 A/D 数据,即输出数据寄存器中的数据从 DATA OUT 一位一位地移出(下降沿)(在 CS=0 时输出第一位,其他的在下降沿输出)。

任务实施

1. 电路设计

打开 Proteus 软件,新建文件并将并命名为"简易数字电压表信号采集"。简易数字电压表电压信号的采集是通过 TLC2543 转换器实现的,仿真电路图如图 5.2 所示。输入信号为 0～5V 电压信号,在图 5.2 中通过滑动变阻器分压模拟实际电压信号。输入信号由 TLC2543 的 0 通道进入,其他通道的使用与此类似,不用时悬空。TLC2543 的引脚 15～19 与单片机的 P1 端口部分端口连接。

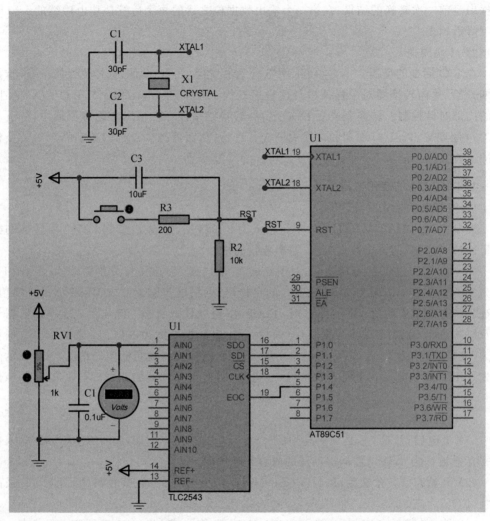

图 5.2　TLC2543 电压信号采集仿真电路图(Proteus 绘制)

2. 程序设计

TLC2543 的时序图如图 5.3 所示,工作转换过程如下。

上电后,片选 CS 必须从高到低,才能开始一次工作周期,此时 EOC 为高,输入数据寄存器被置为 0,输出数据寄存器的内容是随机的。开始时,CS 片选为高,I/O CLOCK、DATA INPUT 被禁止,DATA OUT 呈高阻状,EOC 为高。使 CS 变低,I/O CLOCK、DATA INPUT 使能,DATA OUT 脱离高阻状态。12 个时钟信号从 I/O CLOCK 端依次加入,随着时钟信号的加入,控制字从 DATA INPUT 一位一位地在时钟信号的上升沿时被送入 TLC2543(高位先送入),同时上一周期转换的 A/D 数据,即输出数据寄存器中

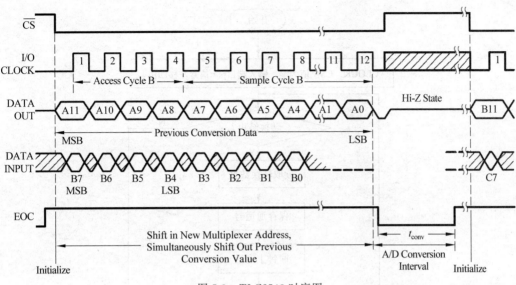

图 5.3 TLC2543 时序图

的数据从 DATA OUT 一位一位地移出。TLC2543 收到第 4 个时钟信号后，通道号也已收到，此时 TLC2543 开始对选定通道的模拟量进行采样，并保持到第 12 个时钟的下降沿。

在第 12 个时钟下降沿，EOC 变低，开始对本次采样的模拟量进行 A/D 转换，转换时间约需 $10\mu s$，转换完成后 EOC 变高，转换的数据在输出数据寄存器中，待下一个工作周期输出。此后，可以进行新的工作周期。

打开 Keil 软件，新建工程并将其命名为 5-1。在工程中添加 5-1.c 文件。TLC2543 的工作流程图如图 5.4 所示，数据读取程序代码如下。

```
unsigned int Read2543(uchar port)
{
    uint ad=0,i;
    //一次转换开始前,CS 片选置 1,EOC 置 1,时钟置 0
    AD_IOCLK=0;
    AD_CS=1;
    AD_EOC=1;
    delay1(1);              //保持一段时间,拉低 CS 片选
    AD_CS=0;
    delay1(1);              //保持一段时间,等数据稳定后再读取第一位数据(A11)
    port<<=4;
    for(i=0;i<12;i++)
    {
        if(AD_DATOUT) ad|=0x01;   //读取第一位数据
        AD_DATIN=(bit)(port&0x80); //准备好通道选择数据,上升沿锁存进 TLC2543
        AD_IOCLK=1;               //时钟上升沿
        delay1(1);                //保持一段时间
```

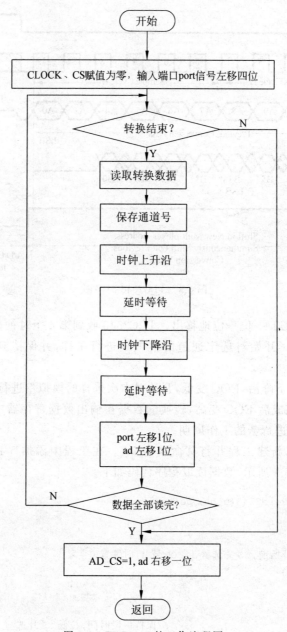

图 5.4 TLC2543 的工作流程图

```
        AD_IOCLK=0;              //时钟下降沿
        delay1(1);               //保持一段时间
        port<<=1;
        ad<<=1;                  //移位,将最低位空出,以装入第 2 位数据(A10)
    }
    AD_CS=1;                     //一次转换结束后将 CS 片选拉高
    ad>>=1;                      //由于多左移了 1 位,所以再右移 1 位
```

```
        return(ad);                          //返回数据
}
```

程序中,port 参数为输入通道号,可以是 0 到 10 的任何数字,具体数字要看输入信号的连接通道,AIN0 对应数字 0,AIN1 对应数字 1,…,AIN10 对应数字 10。

3. 数据处理

TLC2543 是 12 位 A/D 转换器,参考电压是 5V 时,其可以测量的最小电压为 $5V/2^{12}\approx 0.00122V$,为了能将测量的电压正确显示,单片机需要对从 A/D 转换器读取的数据进行处理,具体处理方法是将读取数据扩大至少 1000 倍,使得所有读取数据均为整数,得到的测量电压有三位小数。数据处理程序代码如下。

```
//定义数据存储数组
uchar Databuf[]="0.000V";
void Data_handle()
{
    ad_result=ad_result * 5000.0/4096;       //读取的数值扩大1000倍
    Databuf[0]=ad_result/1000+'0';           //获得千位数据,变为字符型
    Databuf[2]=ad_result%1000/100+'0';       //获得百位数据,变为字符型
    Databuf[3]=(ad_result%100)/10+'0';       //获得十位数据,变为字符型
    Databuf[4]=ad_result%10+'0';             //获得个位数据,变为字符型
}
```

任务扩展

(1) 将图 5.2 中的信号输入改为其他通道,实现信号的采集。

改变输入通道后,TLC2543 的读取函数和数据处理不用改变,只要改变 Read2543 (uchar port)函数的 port 参数即可,port 参数与通道对应。

(2) 如果希望得到的电压值能精确到 0.0001V,应如何修改处理函数?

要想使测量电压值精确到 0.0001V,需要将测量电压扩大 10000 倍,显示数字要增加一位,具体设计如下。

```
//定义数据存储数组
uchar Databuf[]="0.0000V";
void Data_handle()
{
    AD_Result=AD_Result * 50000.0/4096;      //读取的数值扩大10000倍
    Databuf[0]=AD_Result /10000+'0';         //获得万位数据,变为字符型
    Databuf[2]=AD_Result %10000/1000+'0';    //获得千位数据,变为字符型
    Databuf[3]=AD_Result %1000/100+'0';      //获得百位数据,变为字符型
    Databuf[4]=AD_Result %100/10+'0';        //获得十位数据,变为字符型
    Databuf[5]=aAD_Result %10+'0';           //获得个位数据,变为字符型
}
```

任务 2　简易数字电压表的信号显示

任务目标

（1）理解 LCD1602 液晶显示器的工作原理。
（2）完成数字电压表电压信号的显示。

任务内容

（1）LCD1602 液晶显示器的工作原理。
（2）简易数字电压表电压信号的显示。

任务相关知识

本任务的主要内容是将任务 1 中测得的电压信号在 LCD1602 液晶显示器上显示出来。LCD1602 液晶显示器的使用在前面项目中已经学习过，这里不再赘述。

任务实施

1. 电路设计

打开 Proteus 软件，新建文件并将其命名为"简易数字电压表信号显示"。简易数字电压表的信号显示仿真电路如图 5.5 所示。在图 5.2 所示信号测量仿真电路图的基础上增加 LCD1602 液晶显示器。LCD1602 显示器的连接方法参照前面项目中的介绍。单片机的 P0 端口连接液晶的数据端口，单片机的 P2.0、P2.1 和 P2.2 连接液晶的三个控制端口。

2. 程序设计

打开 Keil 软件，新建工程并将其命名为 5-2。在工程中添加 5-2.c 文件。程序设计的思路是：首先定义端口（液晶显示器端口、TLC2543 控制端口）、数据变量、显示数组、各个子函数，然后进入主函数。在主函数中先进行液晶初始化，接着进入主循环。在主循环中，先调用读取 TLC2543 的函数读取输入电压值，然后调用数据处理函数进行数据处理，最后将数据在液晶显示器上显示出来。程序流程图如图 5.6 所示，程序代码如下。

```c
#include<reg52.h>
#include<intrins.h>
/*下面是引脚连接关系*/
sbit AD_EOC   =P1^4;                    /*转换完成指示*/
sbit AD_IOCLK =P1^3;                    /*时钟*/
sbit AD_DATIN =P1^1;                    /*数据输入*/
sbit AD_DATOUT=P1^0;                    /*数据输出*/
sbit AD_CS    =P1^2;                    /*片选*/
sbit RS=P2^0;                           /*液晶端口定义*/
```

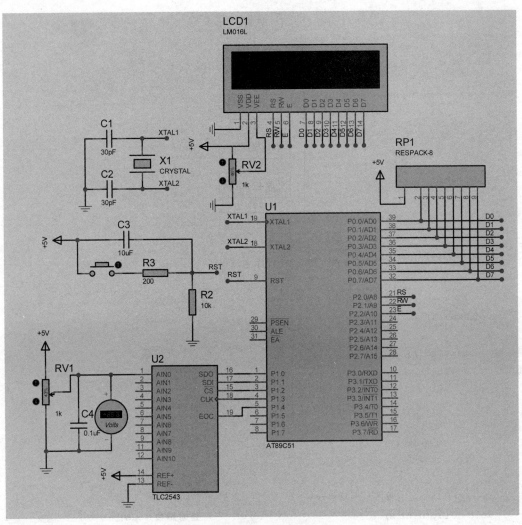

图 5.5 简易数字电压表显示仿真电路图（Proteus 绘制）

```
sbit RW=P2^1;
sbit E=P2^2;
uint AD_Result;                              /*存储各模拟通道的数据*/
uchar Databuf[]="0.0000V";

unsigned  int Read2543(uchar port);          //TLC2543读取函数
void delay(uint x);                          //延时函数 40μs
void delay1(uchar k);                        //延时函数 1ms
void Data_handle();                          //数据处理函数
void SendCommandByte(unsigned char ch);      //发送命令函数
void SendDataByte(unsigned char ch);         //发送数据函数
void InitLcd();                              //液晶初始化函数
void Display();                              //显示函数
```

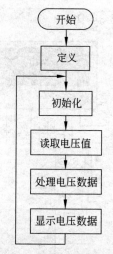

图 5.6 程序主流程图

```
void main()
{
    InitLcd();                              //初始化液晶
    while(1)
    {
        AD_Result=Read2543(0);              //读取数据
        Data_handle();                      //处理数据
        Display();                          //显示数据
    }
}
/************延时程序**************/
void delay(uint x)                          //延时函数 40μs
{
    for(;x!=0;x--);
}
void delay1(uchar k)                        ///1ms
{
    uchar i,j;
    for(i=0;i<k;i++)
    for(j=0;j<121;j++);
}
/************发送命令函数**************/
void SendCommandByte(unsigned char ch)
{
    RS=0;
    RW=0;
    P0=ch;
```

```c
    E=1;
    delay(1);
    E=0;
    delay(100);
}
/************发送数据函数*************/
void SendDataByte(unsigned char ch)
{
    RS=1;
    RW=0;
    P0=ch;
    E=1;
    delay(1);
    E=0;
    delay(100);
}
/***********液晶初始化函数***************/
void InitLcd()
{

    SendCommandByte(0x38);              //设置工作方式
    SendCommandByte(0x0c);              //显示状态设置
    SendCommandByte(0x01);              //清屏
    SendCommandByte(0x06);              //输入方式设置
}


/***********显示函数**************/
void Display()
{
    unsigned  char i;
    SendCommandByte(0x85);              //设置显示位置

    for(i=0;i<7;i++)
    {
       SendDataByte(Databuf[i]);        //显示数据
    }
}
/************TLC2543读取数据****************/
unsigned  int Read2543(uchar port)
{
    uint ad=0,i;
    //一次转换开始前,CS片选置1,EOC置1,时钟置0
    AD_IOCLK=0;
    AD_CS=1;
```

```c
        AD_EOC=1;

        delay1(1);                    //保持一段时间,拉低 CS 片选
        AD_CS=0;
        delay1(1);                    //保持一段时间,等数据稳定后再读取第一位数据(A11)
        port<<=4;
        for(i=0;i<12;i++)
        {
            if(AD_DATOUT) ad|=0x01;   //读取第一位数据
            AD_DATIN=(bit)(port&0x80);//通道选择数据准备好,上升沿锁存进 TLC2543
            AD_IOCLK=1;               //时钟上升沿
            delay1(1);                //保持一段时间
            AD_IOCLK=0;               //时钟下降沿
            delay1(1);                //保持一段时间
            port<<=1;
            ad<<=1;                   //移位,将最低位空出,以装入第 2 位数据(A10)
        }
        AD_CS=1;                      //一次转换结束后将 CS 片选拉高
        ad>>=1;                       //由于多左移了 1 位,所以再右移 1 位
        return(ad);                   //返回数据
}

/***********数据处理***************/
void Data_handle()
{
    AD_Result=AD_Result * 5000.0/4096;    //将读取数据扩大 1000 倍
    Databuf[0]=AD_Result/1000+'0';        //获得千位数据,变为字符
    Databuf[2]=AD_Result%1000/100+'0';    //获得百位数据,变为字符
    Databuf[3]=AD_Result%100/10+'0';      //获得十位数据,变为字符
    Databuf[4]=AD_Result%10+'0';          //获得个位数据,变为字符
}
```

任务扩展

1. 利用 ADC0808 实现简易数字电压表

ADC0808 是含 8 位 A/D 转换器、8 路多路开关以及与微型计算机兼容的控制逻辑的 CMOS 组件,其转换方法为逐次逼近。ADC0808 的精度为 1/2LSB。在 AD 转换器内部有一个高阻抗斩波稳定比较器,一个带模拟开关树组的 256 电阻分压器以及一个逐次逼近型寄存器。8 路的模拟开关的通断由地址锁存器和译码器控制,可以在 8 个通道中任意访问一个单边的模拟信号。

ADC0808 芯片有 28 个引脚,采用双列直插式封装,如图 5.7 所示。

各引脚功能如下。

(1) 1~5 和 26~28(IN0~IN7):8 路模拟量输入端。

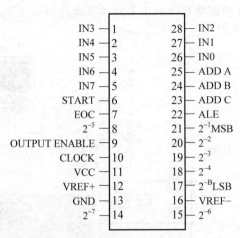

图 5.7 ADC0808 引脚分布图

(2) 8、14、15 和 17~21：8 位数字量输出端。

(3) 22(ALE)：地址锁存允许信号，输入，高电平有效。

(4) 6(START)：A/D 转换启动脉冲输入端，输入一个正脉冲（至少 100ns 宽）使其启动（脉冲上升沿使 ADC0808 复位，下降沿启动 A/D 转换）。

(5) 7(EOC)：A/D 转换结束信号，输出，当 A/D 转换结束时，此端输出一个高电平（转换期间一直为低电平）。

(6) 9(OE)：数据输出允许信号，输入，高电平有效。当 A/D 转换结束时，此端输入一个高电平才能打开输出三态门，输出数字量。

(7) 10(CLOCK)：时钟脉冲输入端。要求时钟频率不高于 640kHz。

(8) 12(VREF＋)和 16(VREF－)：参考电压输入端。

(9) 11(VCC)：主电源输入端。

(10) 13(GND)：地。

(11) 23~25(ADD A、ADD B、ADD C)：3 位地址输入线，用于选通 8 路模拟输入中的一路，如表 5.1 所示。

表 5.1 ADC0808 输入通道选择表

输入通道	ADD C	ADD B	ADD A
IN0	0	0	0
IN1	0	0	1
IN2	0	1	0
IN3	0	1	1
IN4	1	0	0
IN5	1	0	1
IN6	1	1	0
IN7	1	1	1

利用 ADC0808 设计的简易数字电压表的仿真电路图如图 5.8 所示。

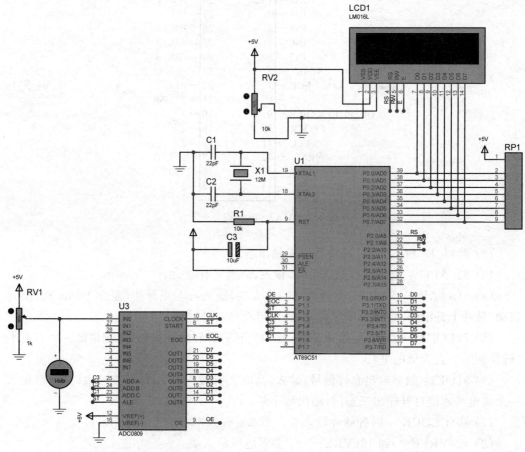

图 5.8　ADC0808 实现简易数字电压表的仿真电路图（Proteus 绘制）

程序代码如下。

```c
#include<reg51.h>
#define uchar unsigned char
#define uint unsigned int
uchar code seg[]={0x3f,0x06,0x5b,0x4f,0x66,0x6d,0x7d,0x07,0x7f,0x6f};   //共阴
uchar code ledwei[]={0xf7,0xfb,0xfd,0xfe};              //位码
uchar  buffer1[]={"D:000"};                  //数字量显示缓存
uchar  buffer2[]={"A:0.000V"};               //模拟量显示缓存

//ADC0808 的控制端口定义
sbit CLK=P1^3;
sbit ST=P1^2;
sbit EOC=P1^1;
sbit OE=P1^0;
sbit P14=P1^4;
```

```c
sbit P15=P1^5;
sbit P16=P1^6;
//液晶端口定义
sbit RS=P2^0;
sbit RW=P2^1;
sbit E=P2^2;

void init();                                    //定时器和液晶初始化函数
void start();                                   //启动函数
void set_OE();                                  //OE置位函数
void clr_OE();                                  //OE清零函数

void SendCommandByte(unsigned char ch);         //发送命令函数
void SendDataByte(unsigned char ch);            //发送数据函数
void delay(uint t);                             //延时函数
void Display();                                 //显示函数
void Handle();                                  //数据处理函数

void main()
{
    init();                                     //初始化定时器
    while(1)
    {
        start();                                //启动AD
        while(EOC==0);                          //等待转换结束,转换EOC=0
        set_OE();                               //OE置位,转换数据输出
        Handle();                               //处理转换数据
        Display();                              //显示转换后的数字量
        clr_OE();                               //OE清零停止输出
    }
}
void init()                                     //定时器初始化
{
    TMOD=0x02;                                  //定时器0,定时,工作方式2
    TH0=0x38;                                   //赋初值,定时200μs
    TL0=0x38;                                   //TL0和TH0值相等
    EA=1;
    ET0=1;
    TR0=1;
    SendCommandByte(0x38);                      //设置工作方式
    SendCommandByte(0x0c);                      //显示状态设置
    SendCommandByte(0x01);                      //清屏
    SendCommandByte(0x06);                      //输入方式设置
}
```

```c
void start()                                              //启动 ADC0808
{
    ST=0;
    ST=1;
    ST=0;
}

void set_OE()                                             //允许输出
{
    OE=1;
}

void clr_OE()                                             //数据线高阻,禁止输出
{
    OE=0;
}
//发送命令函数
void SendCommandByte(unsigned char ch)
{
   RS=0;
   RW=0;
   P0=ch;
   E=1;
   delay(1);
   E=0;
   delay(100);
}
//发送数据函数
void SendDataByte(unsigned char ch)
{
   RS=1;
   RW=0;
   P0=ch;
   E=1;
   delay(1);
   E=0;
   delay(100);
}
void delay(uint t)                                        //延迟
{
    uchar i;
    while(t--)
    {
```

```
        for(i=0;i<1;i++);
    }
}
/*******显示*******/
void Display()
{
    uchar i;
    SendCommandByte(0x84);                      //设置显示位置
    for( i=0;i<5;i++)
    {
        SendDataByte(buffer1[i]);               //显示数据
    }
    SendCommandByte(0xC4);                      //设置显示位置
    for( i=0;i<7;i++)
    {
        SendDataByte(buffer2[i]);               //显示数据
    }
}

void Handle()                                   //数据处理
{
    uint num,num1;
    num=P3;
    num1=num*5000.0/255;
    buffer1[4]= num%10+'0';                     //个位数
    buffer1[3]= num%100/10+'0';                 //十位数
    buffer1[2]= num%1000/100+'0';               //百位数
    buffer2[6]= num1%10+'0';                    //千分位
    buffer2[5]= num1%100/10+'0';                //百分位
    buffer2[4]= num1%1000/100+'0';              //十分位
    buffer2[2]= num1/1000+'0';                  //个位数
}
void timer0() interrupt 1
{
    CLK=~CLK;                                   //产生时钟信号
}
```

2. 利用 ADC0832 实现简易数字电压表

ADC0832 是一种 8 位分辨率、双通道的 A/D 转换芯片。ADC0832 的引脚分布如图 5.9 所示，引脚功能说明如下。

(1) CS：片选使能，低电平芯片使能。
(2) CH0：模拟输入通道 0，或作为 IN+/−使用。

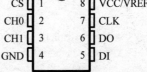

图 5.9 ADC0832 引脚分布图

(3) CH1：模拟输入通道1，或作为IN+/-使用。
(4) GND：芯片参考0电位(地)。
(5) DI：数据信号输入，选择通道控制。
(6) DO：数据信号输出，转换数据输出。
(7) CLK：芯片时钟输入。
(8) VCC/VREF：电源输入及参考电压输入(复用)。

利用ADC0832设计的简易数字电压表的仿真电路图如图5.10所示。程序代码如下。

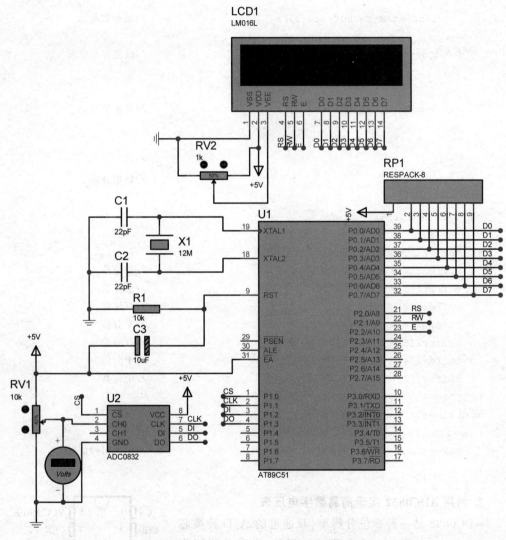

图5.10 ADC0832实现简易数字电压表仿真电路图(Proteus绘制)

```
#include<reg51.h>
#include<intrins.h>
#define uchar unsigned char
```

```c
#define uint  unsigned int
uchar Buffer[]="Current Voltage:";
uchar Buffer1[]="0.00V";
uchar    Vot=0;
sbit E=P2^2;                                        //液晶使能端
sbit RW=P2^1;                                       //读写选择端
sbit RS=P2^0;                                       //数据命令选择端
sbit ADCS =P1^0;                                    //ADC0832 片选
sbit ADCLK =P1^1;                                   //ADC0832 时钟信号
sbit ADDI =P1^2;                                    //ADC0832 数据输入
sbit ADDO =P1^3;                                    //ADC0832 数据输出
void delay(uint i);                                 //定义延时函数
uint Adc0832(uchar channel);                        //定义读取 ADC0832 函数
void Display();                                     //显示函数
void Handle();                                      //数据处理函数
void SendCommandByte(unsigned char ch);             //发送命令函数
void SendDataByte(unsigned char ch);                //发送数据函数
void InitLcd();                                     //液晶初始化函数

void main()
{
    InitLcd();                                      //初始化液晶
    while(1)
    {
        Handle();
        Display();
    }
}
/************读 ADC0832 函数************/
uint Adc0832(uchar channel)
{
    uchar i=0;
    uchar j;
    uint dat=0;
    uchar ndat=0;
    uchar    Vot=0;

    if(channel==0)channel=2;
    if(channel==1)channel=3;
    ADDI=1;
    _nop_();
    _nop_();
    ADCS=0;                                         //拉低 CS 端
    _nop_();
```

```c
    _nop_();
    ADCLK=1;                          //拉高CLK端
    _nop_();
    _nop_();
    ADCLK=0;                          //拉低CLK端,形成下降沿1
    _nop_();
    _nop_();
    ADCLK=1;                          //拉高CLK端
    ADDI=channel&0x1;
    _nop_();
    _nop_();
    ADCLK=0;                          //拉低CLK端,形成下降沿2
    _nop_();
    _nop_();
    ADCLK=1;                          //拉高CLK端
    ADDI=(channel>>1)&0x1;
    _nop_();
    _nop_();
    ADCLK=0;                          //拉低CLK端,形成下降沿3
    ADDI=1;                           //控制命令结束
    _nop_();
    _nop_();
    dat=0;
    for(i=0;i<8;i++)
    {
       dat|=ADDO;                     //收数据
       ADCLK=1;
       _nop_();
       _nop_();
       ADCLK=0;                       //形成一次时钟脉冲
       _nop_();
       _nop_();
       dat<<=1;
       if(i==7)dat|=ADDO;
    }
    for(i=0;i<8;i++)
    {
       j=0;
       j=j|ADDO;                      //收数据
       ADCLK=1;
       _nop_();
       _nop_();
       ADCLK=0;                       //形成一次时钟脉冲
       _nop_();
```

```c
        _nop_();
        j=j<<7;
        ndat=ndat|j;
        if(i<7) ndat>>=1;
    }
    ADCS=1;                              //拉低 CS 端
    ADCLK=0;                             //拉低 CLK 端
    ADDO=1;                              //拉高数据端,回到初始状态
    dat<<=8;
    dat|=ndat;
    return(dat);                         //返回 AD 转化数据
}
//延时函数
void delay(uint j)
{
    uint x,y;
    for(x=j;x>0;x--)
        for(y=125;y>0;y--);
}
//发送命令函数
void SendCommandByte(unsigned char ch)
{
    RS=0;
    RW=0;
    P0=ch;
    E=1;
    delay(1);
    E=0;
    delay(100);
}
//发送数据函数
void SendDataByte(unsigned char ch)
{
    RS=1;
    RW=0;
    P0=ch;
    E=1;
    delay(1);
    E=0;
    delay(100);
}
//液晶初始化函数
void InitLcd()
{
```

```c
    SendCommandByte(0x38);                    //设置工作方式
    SendCommandByte(0x0c);                    //显示状态设置
    SendCommandByte(0x01);                    //清屏
    SendCommandByte(0x06);                    //输入方式设置
    SendCommandByte(0x80);                    //设置显示位置
}
//数据处理函数
void Handle()
{
    uchar V;
    Vot = Adc0832(0);
    V=(uint)((Vot*5.0*100)/256);
    Buffer1[0]=V/100+'0';
    Buffer1[2]=V%100/10+'0';
    Buffer1[3]=V%10+'0';
}
//显示函数
void Display()
{
    uchar j;
    SendCommandByte(0x80);                    //设置显示位置
    for(j=0;j<16;j++)
    {
        SendDataByte(Buffer[j]);              //显示数据
    }
    SendCommandByte(0xc5);                    //设置显示位置
    for(j=0;j<5;j++)
    {
        SendDataByte(Buffer1[j]);             //显示数据
    }
}
```

项目 6

简易信号发生器的设计

项目目标

(1) 理解简易信号发生器的工作原理。
(2) 学会简易信号发生器的电路设计方法。
(3) 学会简易信号发生器的程序设计方法。

项目任务

(1) 简易信号发生器的电路设计。
(2) 简易信号发生器的程序设计。

项目相关知识

信号发生器应用广泛,种类繁多,性能各异,分类也不尽一致。按照频率范围可以分为超低频信号发生器、低频信号发生器、视频信号发生器、高频波形发生器、甚高频波形发生器和超高频信号发生器。按照输出波形可以分为正弦信号发生器和非正弦信号发生器,非正弦信号发生器又包括脉冲信号发生器、函数信号发生器、扫频信号发生器、数字序列波形发生器、图形信号发生器、噪声信号发生器等。按照信号发生器性能指标可以分为一般信号发生器和标准信号发生器,前者指对输出信号的频率、幅度的准确度和稳定度以及波形失真等要求不高的一类信号发生器,后者是指其输出信号的频率、幅度、调制系数等在一定范围内连续可调,并且读写准确、稳定、屏蔽良好的中、高档信号发生器。

本项目以 AT89C51 单片机为控制核心,通过 D/A 转换器 DAC0832 实现简易的低频信号发生器,能够产生方波、三角波和正弦波三种波形。

任务 1 简易信号发生器的电路设计

任务目标

(1) 理解 D/A 转换器 DAC0832 的工作原理。
(2) 完成简易信号发生器的电路设计。

任务内容

(1) D/A 转换器 DAC0832 与单片机的不同连接方式。
(2) 简易信号发生器的电路设计。

任务相关知识

DAC0832 是 8 位的 D/A 转换集成芯片,与微处理器完全兼容。这个 D/A 芯片以其价格低廉、接口简单、转换控制容易等优点,在单片机应用系统中得到了广泛的应用。D/A 转换器由 8 位输入锁存器、8 位 DAC 寄存器、8 位 D/A 转换电路及转换控制电路构成。

1. 主要参数

(1) 分辨率为 8 位。
(2) 电流稳定时间为 $1\mu s$。
(3) 可单缓冲、双缓冲或直接数字输入。
(4) 只需在满量程下调整其线性度。
(5) 单一电源供电(+5～+15V)。
(6) 低功耗,20mW。

2. 引脚分布

如图 6.1 所示为 DAC0832 的引脚分布图,引脚功能如下。

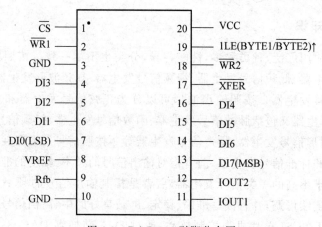

图 6.1 DAC0832 引脚分布图

(1) DI0～DI7:8 位数据输入线,TTL 电平,有效时间应大于 90ns(否则锁存器的数据会出错)。
(2) ILE:数据锁存允许控制信号输入线,高电平有效。
(3) $\overline{CS}$:片选信号输入线(选通数据锁存器),低电平有效。
(4) $\overline{WR1}$:数据锁存器写选通输入线,负脉冲(脉宽应大于 500ns)有效。由 ILE、$\overline{CS}$、$\overline{WR1}$ 的逻辑组合产生 LE1,当 LE1 为高电平时,数据锁存器状态随输入数据线变换,LE1 的负跳变时将输入数据锁存。

(5) XFER：数据传输控制信号输入线,低电平有效,负脉冲(脉宽应大于 500ns)有效。

(6) WR2：DAC 寄存器选通输入线,负脉冲(脉宽应大于 500ns)有效。由 WR2、XFER 的逻辑组合产生 LE2,当 LE2 为高电平时,DAC 寄存器的输出随寄存器的输入而变化,LE2 负跳变时将数据锁存器的内容输入 DAC 寄存器并开始 D/A 转换。

(7) IOUT1：电流输出端 1,其值随 DAC 寄存器的内容线性变化。

(8) IOUT2：电流输出端 2,其值与 IOUT1 值之和为一常数。

(9) Rfb：反馈信号输入线,改变 Rfb 端外接电阻值可调整转换满量程精度。

(10) VCC：电源输入端,VCC 的范围为+5～+15V。

(11) VREF：基准电压输入线,VREF 的范围为-10～+10V。

(12) GND(引脚 3)：模拟信号地。

(13) GND(引脚 10)：数字信号地。

3. 工作方式

根据对 DAC0832 的数据锁存器和 DAC 寄存器的不同的控制方式,DAC0832 有以下三种工作方式。

1) 单缓冲方式

单缓冲方式下,控制输入寄存器和 DAC 寄存器同时接收资料,或者只用输入寄存器而把 DAC 寄存器接成直通方式。此方式适用只有一路模拟量输出或几路模拟量异步输出的情形。

2) 双缓冲方式

双缓冲方式下,先使输入寄存器接收资料,再控制输入寄存器的输出资料到 DAC 寄存器,即分两次锁存输入资料。此方式适用于多个 D/A 转换同步输出的情节。

3) 直通方式

直通方式下,资料不经两级锁存器锁存,即 $\overline{CS}$、XFER、WR1、WR2 均接地,ILE 接高电平。此方式适用于连续反馈控制线路和不带微机的控制系统,不过在使用时,必须通过另加 I/O 接口与 CPU 连接,以匹配 CPU 与 D/A 转换。

4. 特性

1) 分辨率

分辨率反映了输出模拟电压的最小变化值。定义为输出满刻度电压与 2^n 的比值,其中 n 为 DAC 的位数。

分辨率与输入数字量的位数有确定的关系。对于 5V 的满量程,采用 8 位 DAC 时分辨率为 5V/256=19.5mV；当采用 10 位 DAC 时,分辨率则为 5V/1024=4.88mV。显然,位数越多分辨率就越高。

2) 建立时间

建立时间是描述 DAC 转换速度快慢的参数,定义为从输入数字量变化到输出达到终值误差±1/2 LSB(最低有效位)所需的时间。

3) 接口形式

接口形式是 DAC 输入/输出特性之一,包括输入数字量的形式：十六进制或 BCD、输入是否带有锁存器等。

DAC0832 是使用非常普遍的 8 位 D/A 转换器,由于其片内有输入数据寄存器,因此可以直接与单片机连接。根据数据的输入过程,单片机与 DAC0832 有三种连接方式:二级缓冲器连接方式、单级缓冲器连接方式、直通连接方式。具体连接如图 6.2 所示。

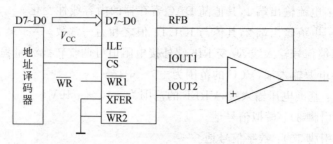

(a) 单级缓冲器连接方式

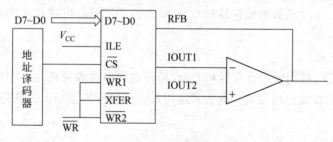

(b) 二级缓冲器连接方式

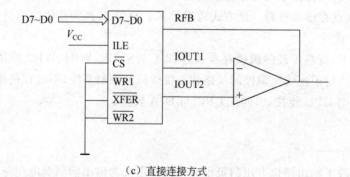

(c) 直接连接方式

图 6.2 DAC0832 与单片机的三种连接方式

DAC0832 以电流形式输出,当需要转换为电压输出时,可外接运算放大器。该系列的芯片还有 DAC0830、DAC0831,它们可以相互替换。

任务实施

1. DAC0832 与单片机二级缓冲器连接

打开 Proteus 软件,新建文件并将其命名为"简易信号发生器"。简易信号发生器的仿真电路图如图 6.3 所示。通电运行,默认输出正弦波,通过波形选择键控制输出波形类型,第 1 次按波形选择键,波形变为方波;第 2 次按波形选择键,波形变为三角波;第 3 次按波形选择键,波形变为锯齿波;第 4 次按波形选择键,波形重新变为正玄波;再按键,则重复上述波形输出。单片机与 DAC0832 采用二级缓冲器连接方式,DAC0832 的电流输出信号经过运放转换为电压信号,波形最终通过信号发生器进行显示。图 6.3 所示的连接方式下,将 DAC0832 当作单片机的外部寄存器,因为 P2.7 控制 DAC0832 的片选信号,当片选有效即 P2.7 为低电平时,可以对 DAC0832 输入寄存器进行写数据操作,因此 DAC0832 的寄存器地址为 0x7FFF,向该地址写入数据,即将数据写入 DAC0832 的输入寄存器中。

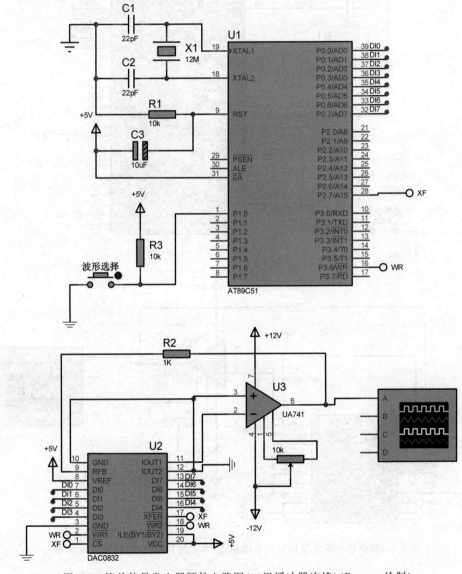

图 6.3 简单信号发生器硬件电路图(二级缓冲器连接)(Proteus 绘制)

2. DAC0832 与单片机单级缓冲器连接

单片机与 DAC0832 采用单级缓冲器连接方式的仿真电路图如图 6.4 所示。与图 6.3 相比,只有 DAC0832 的引脚 17 和引脚 18 连接方式不同,工作原理也与二级缓冲器连接方式一样,这里不再赘述。

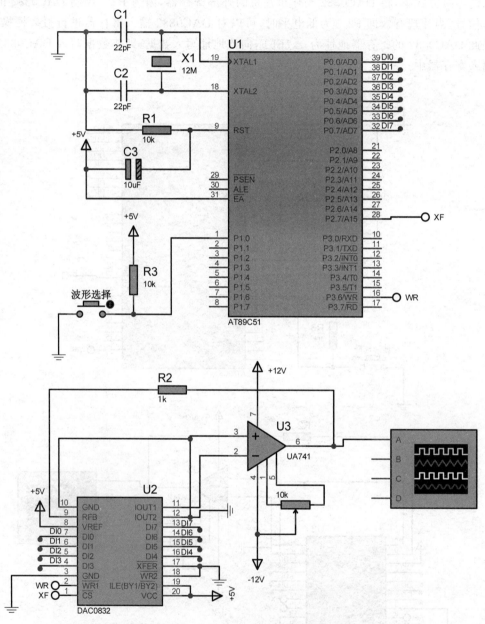

图 6.4　简单信号发生器硬件仿真电路图(单级缓冲器连接)(Proteus 绘制)

3. DAC0832 与单片机直通连接

单片机与 DAC0832 采用直通连接方式的仿真电路图如图 6.5 所示。该连接方式下,

DAC0832 的引脚 1、引脚 2、引脚 17 和引脚 18 全部接地,直接选通 DAC0832,数据通过 P0 端口送入 DAC0832,但是 P0 端口要增加上拉电阻。DAC0832 转化后的数据处理电路与之前的相同,此处不再赘述。

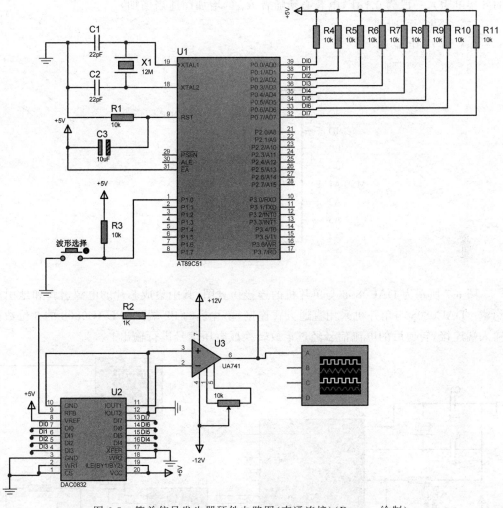

图 6.5　简单信号发生器硬件电路图(直通连接)(Proteus 绘制)

任务扩展

除了选用 DAC0832 作为 D/A 转换器外,还可以采用 DAC0808 作为 D/A 转换器实现简易信号发生器。DAC0808 是 8 位数模转换集成芯片,电流输出,稳定时间为 150ns,驱动电压为±5V,功率为 33mW。DAC0808 可以直接与 TTL、DTL 和 CMOS 逻辑电平兼容。DAC0808 的双列直插式外形及引脚分布如图 6.6 所示,引脚功能如下。

(1) A1～A8:8 位并行数据输入端(A1 为最高位,A8 为最低位)。

(2) VREF+:正向参考电压(需要加电阻)。

(3) VREF-:负向参考电压,接地。

(4) IOUT：电流输出端。

(5) VEE：负电压输入端。

(6) COMPENSATION：补偿端，与 VEE 之间接电容（$R_{14}=5\mathrm{k}\Omega$ 时（R_{14} 为引脚 14 的外接电阻），一般为 $0.1\mu\mathrm{F}$，电容必须随着 R_{14} 的增加而适当增加）。

(7) GND：接地端。

(8) VCC：电源端。

(9) NC：空引脚。

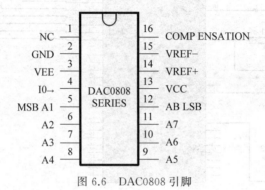

图 6.6　DAC0808 引脚

图 6.7 所示为 DAC0808 与单片机的连接仿真图，其中集成芯片的电源引脚和地引脚隐藏。DAC0808 与单片机采用直通方式连接，单片机的 P2 端口与 DAC0808 的 8 位数据输入端连接，转换后的电流信号经过运放转换成电压信号进行输出。

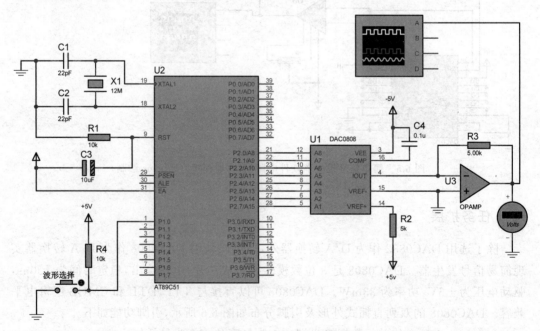

图 6.7　DAC0808 简单信号发生器硬件仿真电路图（Proteus 绘制）

任务 2　简易信号发生器的程序设计

任务目标

（1）理解方波、正弦波、三角波和锯齿波的产生原理。
（2）完成简易信号发生器的程序设计。

任务内容

（1）方波、正弦波、三角波和锯齿波的产生原理。
（2）简易信号发生器的程序设计。

任务相关知识

1. 方波

方波波形如图 6.8 所示，高电平和低电平的幅值一样大，高电平和低电平的持续时间一样。因此，要产生这样的波形，只要单片机循环输出高低电平，且高低电平持续时间一致即可。方波的幅值为 2.5V，周期根据需要调整。

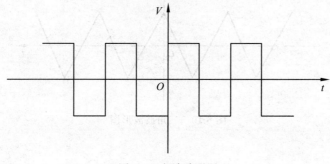

图 6.8　方波波形图

2. 正弦波

正弦波波形如图 6.9 所示。由于 DAC0832 是 8 位的，所以正弦波在一个周期内的采样点数最大为 256。一个正弦波按 360°分成 256 份，那么每份就是 360÷256＝1.40625°，这样可以计算出 256 个点中每个点对应的角度值。有了角度值就可以算出角度对应的正弦值。利用正弦值和单片机输出最大数值 maxnum，就可以计算出对应 D/A 输入的数值了。C 语言的计算语句如下。

sin_tab[i]=(maxnum/2) * sin(x)+ (maxnum/2);

其中，sin_tab[i]表示正弦波数据组，i 代表某点，x 为角度，(maxnum/2)为正弦波零点处对应 D/A 输入值，即 D/A 满量程的一半。

利用以上语句算出各个点的值存入数组，单片机循环输出数组的数据到 D/A 就可以得到正弦波。正弦波的峰值为 5V,周期可以通过延时适当调整。

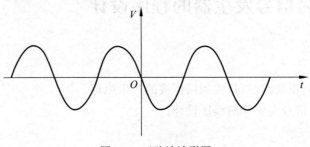

图 6.9 正弦波波形图

3. 三角波

三角波波形如图 6.10 所示。三角波的特点是信号渐渐增大到最大值,然后从最大值再渐渐减小到最小值,循环反复。因此,要产生这样的波形,需要单片机输出的数字量从 0 逐渐增大到最大值,然后再从最大值逐渐减小到最小值,每次变化一个数字量。由于 AT89C51 单片机是 8 位的,因此输出的数字量先为 0~255,然后为 255~0,循环输出。三角波的峰值为 5V,周期可以根据需要调整。

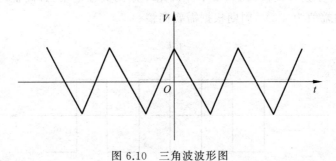

图 6.10 三角波波形图

任务实施

1. 缓冲器连接方式

打开 Keil 软件,新建工程并将其命名为 6-2。在工程中添加 6-2.c 文件。程序的设计思路如下:程序开始,进行相关定义,主要是定义 DAC0832 的地址、按键端口和按键变量、正弦波波形数据;然后进入主函数,在主函数的主循环里,先进行按键扫描,根据按键变量值输出不同波形,可以循环输出正弦波、方波和三角波三种波形。程序流程图如图 6.11 所示。仿真电路原理与图 6.2 和图 6.3 的 DAC0832 与单片机的两种缓冲器连接方式的软件程序控制是一样的,具体程序如下。

```
#include<reg51.h>
#include<absacc.h>
#define uchar unsigned char
#define uint  unsigned int
```

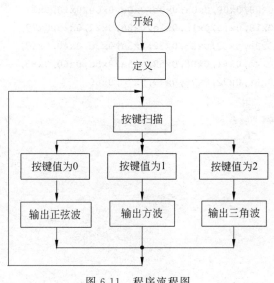

图 6.11 程序流程图

```
#define DAC0832 XBYTE[0x7FFF]
uchar flag;
sbit key=P1^0;

uchar  code sine_tab[]={
0x80,0x83,0x86,0x89,0x8d,0x90,0x93,0x96,0x99,0x9c,0x9f,
0xa2,0xa5,0xa8,0xab,0xae,0xb1,0xb4,0xb7,0xba,0xbc,0xbf,
0xc2,0xc5,0xc7,0xca,0xcc,0xcf,0xd1,0xd4,0xd6,0xd8,0xda,
0xdd,0xdf,0xe1,0xe3,0xe5,0xe7,0xe9,0xea,0xec,0xee,0xef,
0xf1,0xf2,0xf4,0xf5,0xf6,0xf7,0xf8,0xf9,0xfa,0xfb,0xfc,
0xfd,0xfd,0xfe,0xff,0xff,0xff,0xff,0xff,0xff,

0xff,0xff,0xff,0xff,0xff,0xff,0xfe,0xfd,0xfd,0xfc,0xfb,
0xfa,0xf9,0xf8,0xf7,0xf6,0xf5,0xf4,0xf2,0xf1,0xef,0xee,
0xec,0xea,0xe9,0xe7,0xe5,0xe3,0xe1,0xde,0xdd,0xda,0xd8,
0xd6,0xd4,0xd1,0xcf,0xcc,0xca,0xc7,0xc5,0xc2,0xbf,0xbc,
0xba,0xb7,0xb4,0xb1,0xae,0xab,0xa8,0xa5,0xa2,0x9f,0x9c,
0x99,0x96,0x93,0x90,0x8d,0x89,0x86,0x83,0x80,

0x80,0x7c,0x79,0x76,0x72,0x6f,0x6c,0x69,0x66,0x63,0x60,
0x5d,0x5a,0x57,0x55,0x51,0x4e,0x4c,0x48,0x45,0x43,0x40,
0x3d,0x3a,0x38,0x35,0x33,0x30,0x2e,0x2b,0x29,0x27,0x25,
0x22,0x20,0x1e,0x1c,0x1a,0x18,0x16,0x15,0x13,0x11,0x10,
0x0e,0x0d,0x0b,0x0a,0x09,0x08,0x07,0x06,0x05,0x04,0x03,
0x02,0x02,0x01,0x00,0x00,0x00,0x00,0x00,0x00,

0x00,0x00,0x00,0x00,0x00,0x00,0x01,0x02,0x02,0x03,0x04,
```

```c
0x05,0x06,0x07,0x08,0x09,0x0a,0x0b,0x0d,0x0e,0x10,0x11,
0x13,0x15,0x16,0x18,0x1a,0x1c,0x1e,0x20,0x22,0x25,0x27,
0x29,0x2b,0x2e,0x30,0x33,0x35,0x38,0x3a,0x3d,0x40,0x43,
0x45,0x48,0x4c,0x4e,0x51,0x55,0x57,0x5a,0x5d,0x60,0x63,
0x66,0x69,0x6c,0x6f,0x72,0x76,0x79,0x7c,0x80
};
void delayms(uint ms);                    //延时函数
void keyscan();                           //按键扫描函数
void sine();                              //正弦波函数
void sjb();                               //三角波函数
void fb();                                //方波函数

//主程序
void main()
{
  while(1)
  {
    keyscan();                            //按键扫描
    if(flag==0)
    {
      sine();                             //输出正弦波
    }
    if(flag==1)
    {
      fb();                               //输出方波
    }
    if(flag==2)
    {
      sjb();                              //输出三角波
    }
  }
}

//延时
void delayms(uint ms)
{
  uchar t;
  while(ms--)for(t=0;t<120;t++);
}
//正弦波产生函数
void sine()
{
  uchar i;
  for(i=0;i<255;i++)
```

```c
    {
      DAC0832=sine_tab[i];
      delayms(1);
    }
}
//三角波产生函数
void sjb()
{
  uchar i,j;
  for(i=0;i<255;i++)
  {
    DAC0832=i;
    delayms(1);
  }
  for(j=255;j>0;j--)
  {
    DAC0832=j;
    delayms(1);
  }
}
//方波产生函数
void fb()
{
  DAC0832=0xff;
  delayms(100);
  DAC0832=0x00;
  delayms(100);
}
//按键扫描函数
void keyscan()
{
  if(key==0)
  {
    while(!key)
    {
      DAC0832=0x00;
    }
    flag++;
    if(flag==4)
    {
      flag=0;
    }
  }
}
```

2. 直通连接方式

图 6.5 中，DAC0832 与单片机采用直通连接方式，其软件编程思想与缓冲器连接方式是一样的，但是输出数据时则由单片机 P0 端口直接输出到 DAC0832，此时 DAC0832 不再作为单片机的外部寄存器，程序代码如下。

```c
#include<reg51.h>
#include<absacc.h>
#define uchar unsigned char
#define uint  unsigned int
uchar flag;
sbit key=P1^0;

uchar code sine_tab[256]={
0x80,0x83,0x86,0x89,0x8d,0x90,0x93,0x96,0x99,0x9c,0x9f,
0xa2,0xa5,0xa8,0xab,0xae,0xb1,0xb4,0xb7,0xba,0xbc,0xbf,
0xc2,0xc5,0xc7,0xca,0xcc,0xcf,0xd1,0xd4,0xd6,0xd8,0xda,
0xdd,0xdf,0xe1,0xe3,0xe5,0xe7,0xe9,0xea,0xec,0xee,0xef,
0xf1,0xf2,0xf4,0xf5,0xf6,0xf7,0xf8,0xf9,0xfa,0xfb,0xfc,
0xfd,0xfd,0xfe,0xff,0xff,0xff,0xff,0xff,0xff,

0xff,0xff,0xff,0xff,0xff,0xff,0xfe,0xfd,0xfd,0xfc,0xfb,
0xfa,0xf9,0xf8,0xf7,0xf6,0xf5,0xf4,0xf2,0xf1,0xef,0xee,
0xec,0xea,0xe9,0xe7,0xe5,0xe3,0xe1,0xde,0xdd,0xda,0xd8,
0xd6,0xd4,0xd1,0xcf,0xcc,0xca,0xc7,0xc5,0xc2,0xbf,0xbc,
0xba,0xb7,0xb4,0xb1,0xae,0xab,0xa8,0xa5,0xa2,0x9f,0x9c,
0x99,0x96,0x93,0x90,0x8d,0x89,0x86,0x83,0x80,

0x80,0x7c,0x79,0x76,0x72,0x6f,0x6c,0x69,0x66,0x63,0x60,
0x5d,0x5a,0x57,0x55,0x51,0x4e,0x4c,0x48,0x45,0x43,0x40,
0x3d,0x3a,0x38,0x35,0x33,0x30,0x2e,0x2b,0x29,0x27,0x25,
0x22,0x20,0x1e,0x1c,0x1a,0x18,0x16,0x15,0x13,0x11,0x10,
0x0e,0x0d,0x0b,0x0a,0x09,0x08,0x07,0x06,0x05,0x04,0x03,
0x02,0x02,0x01,0x00,0x00,0x00,0x00,0x00,0x00,

0x00,0x00,0x00,0x00,0x00,0x00,0x01,0x02,0x02,0x03,0x04,
0x05,0x06,0x07,0x08,0x09,0x0a,0x0b,0x0d,0x0e,0x10,0x11,
0x13,0x15,0x16,0x18,0x1a,0x1c,0x1e,0x20,0x22,0x25,0x27,
0x29,0x2b,0x2e,0x30,0x33,0x35,0x38,0x3a,0x3d,0x40,0x43,
0x45,0x48,0x4c,0x4e,0x51,0x55,0x57,0x5a,0x5d,0x60,0x63,
0x66,0x69,0x6c,0x6f,0x72,0x76,0x79,0x7c,0x80
};
void delayms(uint ms);           //延时函数
void keyscan();                  //按键扫描函数
void sin();                      //正弦波函数
```

```c
void sjb();                                              //三角波函数
void fb();                                               //方波函数
void jcb();                                              //锯齿波函数
//主程序
void main()
{
  while(1)
  {
  keyscan();
    if(flag==0)
    {
      sin();
    }
    if(flag==1)
    {
      fb();
    }
    if(flag==2)
    {
      sjb();
    }
    if(flag==3)
    {
      jcb();
    }
  }
}

//延时
void delayms(uint ms)
{
  uchar t;
  while(ms--)for(t=0;t<120;t++);
}
//正弦波函数
void sin()
{
  uchar i;
  for(i=0;i<255;i++)
  {
    P0=sine_tab[i];                                      //向 P0 端口赋值
    delayms(1);
  }
}
```

```c
//三角波函数
void sjb()
{
  uchar i,j;
  for(i=0;i<255;i++)
    {
    P0=i;
delayms(1);
    }
    for(j=255;j>0;j--)
    {
      P0=j;
      delayms(1);
    }
}
//方波函数
void fb()
{
  P0=0xff;
  delayms(100);
  P0=0x00;
  delayms(100);
}
//按键扫描函数
void keyscan()
{
  if(key==0)
  {
    while(!key)
    {
      P0=0x00;
    }
    flag++;
    if(flag==4)
    {
      flag=0;

    }
  }
}
```

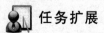
任务扩展

图 6.7 中 DAC0808 与单片机采用直通连接方式,其软件编程思想与使用 DAC0832

转换器是一样的,输出数据时由单片机 P2 端口直接输出到 DAC0808,程序代码如下。

```c
#include <reg52.h>
#define uint unsigned int
#define uchar unsigned char
uchar flag;
sbit key = P1^0;
uchar code sine_tab[256]={
0x80,0x83,0x86,0x89,0x8d,0x90,0x93,0x96,0x99,0x9c,0x9f,
0xa2,0xa5,0xa8,0xab,0xae,0xb1,0xb4,0xb7,0xba,0xbc,0xbf,
0xc2,0xc5,0xc7,0xca,0xcc,0xcf,0xd1,0xd4,0xd6,0xd8,0xda,
0xdd,0xdf,0xe1,0xe3,0xe5,0xe7,0xe9,0xea,0xec,0xee,0xef,
0xf1,0xf2,0xf4,0xf5,0xf6,0xf7,0xf8,0xf9,0xfa,0xfb,0xfc,
0xfd,0xfd,0xfe,0xff,0xff,0xff,0xff,0xff,0xff,

0xff,0xff,0xff,0xff,0xff,0xff,0xfe,0xfd,0xfd,0xfc,0xfb,
0xfa,0xf9,0xf8,0xf7,0xf6,0xf5,0xf4,0xf2,0xf1,0xef,0xee,
0xec,0xea,0xe9,0xe7,0xe5,0xe3,0xe1,0xde,0xdd,0xda,0xd8,
0xd6,0xd4,0xd1,0xcf,0xcc,0xca,0xc7,0xc5,0xc2,0xbf,0xbc,
0xba,0xb7,0xb4,0xb1,0xae,0xab,0xa8,0xa5,0xa2,0x9f,0x9c,
0x99,0x96,0x93,0x90,0x8d,0x89,0x86,0x83,0x80,

0x80,0x7c,0x79,0x76,0x72,0x6f,0x6c,0x69,0x66,0x63,0x60,
0x5d,0x5a,0x57,0x55,0x51,0x4e,0x4c,0x48,0x45,0x43,0x40,
0x3d,0x3a,0x38,0x35,0x33,0x30,0x2e,0x2b,0x29,0x27,0x25,
0x22,0x20,0x1e,0x1c,0x1a,0x18,0x16,0x15,0x13,0x11,0x10,
0x0e,0x0d,0x0b,0x0a,0x09,0x08,0x07,0x06,0x05,0x04,0x03,
0x02,0x02,0x01,0x00,0x00,0x00,0x00,0x00,0x00,

0x00,0x00,0x00,0x00,0x00,0x00,0x01,0x02,0x02,0x03,0x04,
0x05,0x06,0x07,0x08,0x09,0x0a,0x0b,0x0d,0x0e,0x10,0x11,
0x13,0x15,0x16,0x18,0x1a,0x1c,0x1e,0x20,0x22,0x25,0x27,
0x29,0x2b,0x2e,0x30,0x33,0x35,0x38,0x3a,0x3d,0x40,0x43,
0x45,0x48,0x4c,0x4e,0x51,0x55,0x57,0x5a,0x5d,0x60,0x63,
0x66,0x69,0x6c,0x6f,0x72,0x76,0x79,0x7c,0x80
};
void Delayms(uint ms);          //延时函数
void Keyscan();                 //按键扫描函数
void Sin();                     //正弦波函数
void Sjb();                     //三角波函数
void Fb();                      //方波函数
void Jcb();                     //锯齿波函数
//主程序
```

```c
void main()
{
    P2 = 0x00;
    while(1)
    {
        Keyscan();                                      //按键扫描
        if(flag==0)
        {
            Sin();                                      //正弦波
        }
        if(flag==1)
        {
            Fb();                                       //方波
        }
        if(flag==2)
        {
            Sjb();                                      //三角波
        }
    }
}
//延时
void Delayms(uint ms)
{
    uchar t;
    while(ms--)for(t=0;t<120;t++);
}
//正弦波产生函数
void Sin()
{
    uchar i;
    for(i=0;i<255;i++)
    {
        P2=sine_tab[i];
        Delayms(1);
    }
}
//三角波产生函数
void Sjb()
{
    uchar i,j;
    for(i=0;i<255;i++)
    {
        P2=i;
        Delayms(1);
```

```c
    }
    for(j=255;j>0;j--)
    {
      P2=j;
      Delayms(1);
    }
}
//方波产生函数
void Fb()
{
    P2=0xff;
    Delayms(100);
    P2=0x00;
    Delayms(100);
}
//按键扫描函数
void Keyscan()
{
    if(key==0)
    {
        while(!key)
        {
          P2=0x00;
        }
        flag++;
        if(flag==4)
        {
            flag=0;
        }
    }
}
```

项目 7

智能避障小车的设计

 项目目标

(1) 理解智能避障小车的工作原理。
(2) 学会智能避障小车的电路设计方法。
(3) 学会智能避障小车的程序设计方法。

 项目任务

(1) 智能避障小车的电路设计。
(2) 智能避障小车的程序设计。

 项目相关知识

自第一台工业机器人诞生以来,机器人的发展已经遍及机械、电子、冶金、交通、宇航、国防等领域。近年来机器人的智能水平不断提高,并且迅速地改变着人们的生活方式。人们在不断探讨、改造、认识自然的过程中,制造能替代人劳动的机器一直是人类的梦想。

智能小车是一种能够通过编程手段完成特定任务的小型化机器人,它具有制作成本低廉,电路结构简单,程序调试方便等优点。由于其具有很强的趣味性,因此深受广大机器人爱好者以及高校学生的喜爱。本项目介绍的智能避障小车能够完成前进、后退、左转、右转,遇障碍物绕行等基本动作。当检测到车子前方有障碍物时,小车停车,然后转向左侧。除了避障外,智能小车还可以实现红外遥控、黑线循迹、环境光照检测开启照明灯、语音控制等功能。

任务 1　智能避障小车的电路设计

 任务目标

(1) 理解智能避障小车避障的工作原理。
(2) 完成智能避障小车的电路设计。

任务内容

(1) 智能避障小车的原理分析。
(2) 智能避障小车的电路设计。

 任务相关知识

如图 7.1 所示为智能避障小车的结构框图。智能避障小车采用单片机作为系统"大脑",以 8051 系列中的 STC89C51 为主芯片,由信号输入电路、控制电路、执行电路组成。输入电路主要包括感光模块、避障模块、循迹模块;控制电路主要是单片机最小系统;执行电路主要包括电动机模块、按键模块、报警模块、显示模块等。

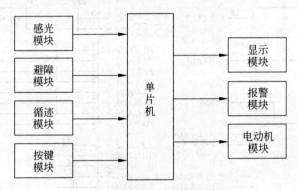

图 7.1 智能避障小车结构框图

各模块的功能如下。

(1) 单片机:整个小车的控制核心,负责接收遥控器或者传感器信号,然后进行数据分析、处理,根据需要驱动电动机正转、反转,从而控制小车的相应运动。

(2) 感光模块:检测外界光线的变化,向单片机发送相关信息,从而实现小车夜间自动照明等功能。

(3) 避障模块:检测小车前方是否有障碍物,并将信号传送给单片机,从而让小车能绕开障碍物。

(4) 循迹模块:检测地上的黑色轨迹,将轨迹信号传送给单片机,从而能使小车沿黑色轨迹运动。

(5) 按键模块:独立式按键,进行小车工作方式的选择。

(6) 电动机模块:根据单片机的指令,通过电动机驱动模块驱动电动机正转、反转,从而控制小车的运动。

(7) 报警模块:根据单片机指令,蜂鸣器发出声音进行报警。

(8) 显示模块:显示模块包括 LED 指示灯和一位数码管。根据单片机指令,相关指示灯点亮,表示传感器信号的检测状态;一位数码管显示 1、2 两个数字,表示小车工作模式,1 为避障模式,2 为循迹模式。

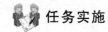**任务实施**

1. 控制电路

控制电路是单片机最小系统电路,其仿真电路图如图7.2所示。单片机最小系统主要包括单片机、电源、晶振、复位四部分。单片机最小系统工作原理在前面项目中已经详细介绍过,这里不再赘述。图7.2中除了单片机最小系统外,还包括单片机与其他电路的连接端口,全部通过网络标号进行连接。

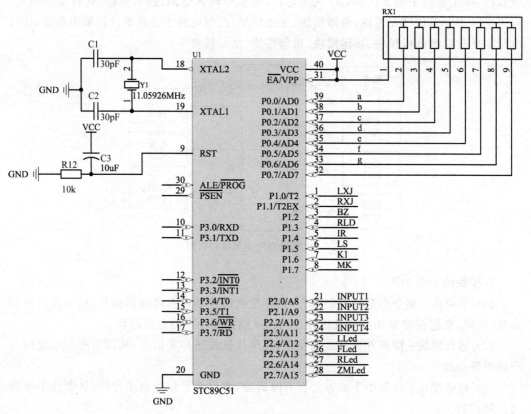

图 7.2 控制电路的仿真电路图(Proteus 绘制)

2. 避障模块

小车的避障功能主要是通过红外发射管和红外接收管组成的红外对管来检测前方障碍物。在小车前进时如果前方有障碍物,由红外发射管发射的红外信号被反射到红外接收管,红外接收管将此信号经过 P1.2 传送给 STC89C51,主芯片通过内部的代码进行小车的绕障碍物操作。避障模块仿真电路图如图7.3所示。图中 LM393 是电压比较器,红外接收管的信号经过比较器整形之后送入单片机 P1.2 端口。

人们习惯把红外线发射管和红外线接收管称为红外对管,红外对管的外形与普通圆形的发光二极管类似,红外对管的实物如图7.4所示。

红外发射管是由红外发光二极管矩组成发光体,用红外辐射效率高的材料(常用砷化

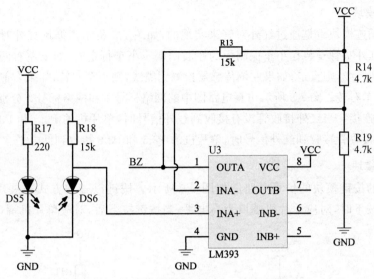

图 7.3　避障模块仿真电路图(Proteus 绘制)

镓)制成 PN 结,正向偏压向 PN 结注入电流激发红外光,其光谱功率分布的中心波长为 830nm~950nm。LED 是英文 light emitting diode 的简称,可以表现出正温度系数行为,电流越大温度越高,温度越高电流越大。LED 红外灯的功率和电流大小有关,但正向电流超过最大额定值时,红外灯发射功率反而下降。

红外接收管又称红外接收二极管、红外光电二极管。它与普通半导体二极管在结构上相似。在光敏二极管管壳上有一个能射入光线的玻璃透镜,入射光通过透镜正好照射在管芯上。光敏二极管管芯是一个具有光敏特性的 PN 结,它被封装在管壳内。光敏二极管管芯的光敏面是通过扩散工艺在 N 型单晶硅上形成的一层薄膜。光敏二极管的管芯以及管芯上的 PN 结面积做得较大,而管芯上的电极面积做得较小,PN 结的结深比普通半导体二极管做得浅,这些结构上的特点都是为了提高光电转换的能力。另外,与普通半导体二极管一样,在硅片上生长了一层 SiO_2

图 7.4　红外对管实物图

保护层,它把 PN 结的边缘保护起来,从而提高了管子的稳定性,减少了暗电流。

光敏二极管与普通二极管一样,它的 PN 结具有单向导电性,因此,光敏二极管工作时应加上反向电压。当无光照时,电路中也有很小的反向饱和漏电流,一般为 10^{-8}~10^{-9}A(称为暗电流),此时相当于光敏二极管截止;当有光照射时,PN 结附近受光子的轰击,半导体内被束缚的共价电子吸收光子能量而被击发产生电子—空穴对。载流子的数量对多数载流子影响不大,但会使 P 区和 N 区的少数载流子的浓度大大提高。在反向电压作用下,反向饱和漏电流大大增加,形成光电流,该光电流随入射光强度的变化而相应变化。光电流通过负载 RL 时,在电阻两端将得到随入射光变化的电压信号。光敏二极管就是这样完成电功能转换的。

3. 循迹模块

小车的循迹模块也是通过红外对管来实现的,如图 7.5 所示为循迹红外对管的仿真电路图。两个红外对管安装在小车探测板的左右两侧。小车行走时,如果左右两侧的传感器都没有检测到黑线,则直走;如果左侧传感器检测到黑线,则小车左转;如果右侧传感器检测到黑线,则小车右转。图 7.5 所示仿真电路图中的网络标号 1 和网络标号 2 分别与单片机的 P3.0 和 P1.1 连接。当红外接收管没有接收到红外信号时,单片机的 P3.5 和 P3.6 接收到高电平;当红外接收管接收到红外信号时,单片机的 P3.5 和 P3.6 接收到低电平。

4. 按键模块

小车上的按键模块的仿真电路图如图 7.6 所示。按键以查询方式来展现按键操作。当按键没有按下时,对应单片机端口为高电平;当按键按下后,对应单片机端口为低电平。

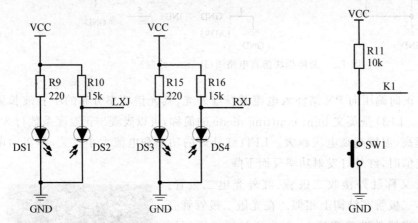

图 7.5 循迹模块的仿真电路图(Proteus 绘制)　　图 7.6 按键模块的仿真电路图(Proteus 绘制)

5. 感光模块

小车的感光模块的仿真电路图如图 7.7 所示。当环境光线亮到一定强度时,光敏电阻阻值变小,LM393 的引脚 1 输出低电平;当环境光线暗到一定强度时,光敏电阻阻值变

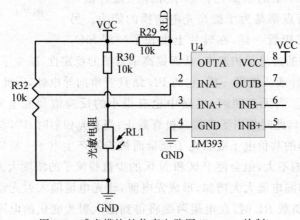

图 7.7 感光模块的仿真电路图(Proteus 绘制)

为接近无穷大，LM393 的引脚 1 输出高电平。小车通过感光模块检测环境光线强度，以方便完成小车夜间自动照明等功能。

光敏电阻是用硫化镉或硒化镉等半导体材料制成的特殊电阻器。图 7.8 所示为光敏电阻的结构，其工作原理是基于内光电效应的。光照越强，阻值就越低，随着光照强度的升高，电阻值迅速降低，亮电阻值可小至 1kΩ 以下。光敏电阻对光线十分敏感，其在无光照时，呈高阻状态，暗电阻一般可达 1.5MΩ。

光敏电阻器一般用于光的测量、光的控制和光电转换（将光的变化转换为电的变化）。常用的光敏电阻器是硫化镉光敏电阻器，它是由半导体材料制成的。光敏电阻器对光的敏感性（即光谱特性）与人眼对可见光（0.4μm～0.76μm）的响应很接近，只要人眼可感受的光，都会引起它的阻值变化。

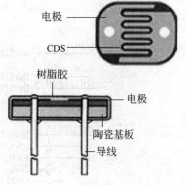

图 7.8 光敏电阻的结构

6. 电动机模块

小车的电动机模块的仿真电路图如图 7.9 所示。L293D 是 ST 公司生产的一种高电压、小电流电动机驱动芯片。该芯片采用 16 引脚封装。其主要特点是，工作电压高，最高工作电压可达 36V；输出电流大，瞬间峰值电流可达 2A；持续工作电流为 1A。它内含两个 H 桥的高电压大电流全桥式驱动器，可以用来驱动直流电动机和继电器线圈等感性负载；该芯片可以驱动两台直流电动机。直流电动机驱动模块的主要参数如下。

(1) 输入逻辑电压：5.0V。

(2) 输入电动机电压：5.0～36.0V。

(3) 输出驱动电流：1000mA。

(4) 尺寸：(长)34mm×(宽)18mm×(高)8mm。

L293D 各引脚的功能如下。

引脚 1 ENA：引脚作左半边 IC 控制用。当这个引脚为高电平时，左半边 IC 可作用；当这个引脚为低电平时，左半边 IC 不起作用。

引脚 2 INPUT1：当这个引脚为高电平时，电流会流出至 OUTPUT1。

引脚 3 OUTPUT1：这个引脚用于连接终端电机的一个接脚。

引脚 4、引脚 5 GND：接地。

引脚 6 OUTPUT2：这个引脚用于连接终端电动机的一个接脚。

引脚 7 INPUT2：当这个引脚为高电平时，电流会流出至 OUTPUT2。

引脚 8 VCC：为电动机提供电源，如果所用电动机为 12V 直流电动机，则要给这个引脚连接 12V 直流电源。

引脚 9 ENB：作右半边 IC 控制用。当这个引脚为高电平时，右半边 IC 可作用；当这个引脚为低电平时，右半边 IC 不起作用。

引脚 10 INPUT3：当这个引脚为高电平时，电流会流出至 OUTPUT3。

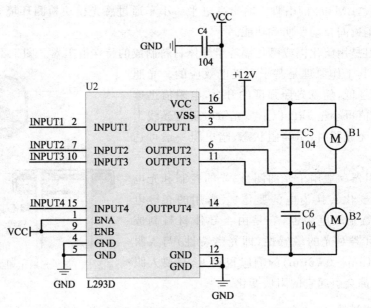

图 7.9 电机模块的仿真电路图（Proteus 绘制）

引脚 11 OUTPUT3：这个引脚用于连接终端电动机的一个接脚。

引脚 12、引脚 13 GND：接地。

引脚 14 OUTPUT4：这个引脚用于连接终端电动机的一个接脚。

引脚 15 INPUT4：当这个引脚为高电平时，电流会流出至 OUTPUT3。

引脚 16 VSS：提供芯片本身的工作电源，一般接 5V 直流电源。

7. 显示模块

小车的显示模块主要包括指示灯和数码管，其仿真电路图如图 7.10 所示。指示灯可以指示小车前进、后退、左转、右转的工作状态，数码管在按键控制下显示数字 1、2、3，表示小车的工作方式。LED 指示灯和数码管的相关知识在前面的项目中已经介绍过，这里不再赘述。

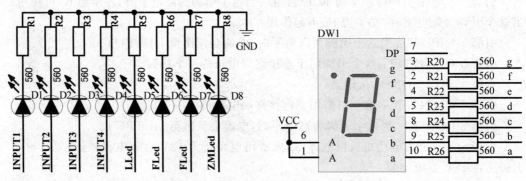

图 7.10 显示模块的仿真电路图（Proteus 绘制）

8. 报警模块

小车的报警模块的仿真电路图如图 7.11 所示。图中的蜂鸣器采用有源蜂鸣器,当单片机端口输出低电平时,三极管 S8550 导通,蜂鸣器得电发声;当单片机端口输出高电平时,三极管 S8550 截止,蜂鸣器失电不发声。

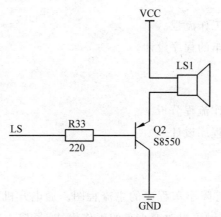

图 7.11 报警模块的仿真电路图(Proteus 绘制)

任务扩展

为小车增加一个声音感应模块,可以使用户通过声音(如拍手声)控制小车的启停。声音感应模块的仿真电路图如图 7.12 所示。图中通过话筒来感应外界声音,当有一定的声音信号时,三极管 S8050 导通,MK 端输出低电平给单片机端口。单片机接收到该低电平后,可以控制小车的运行。另外,读者可以考虑采用语音芯片进行语音感应。

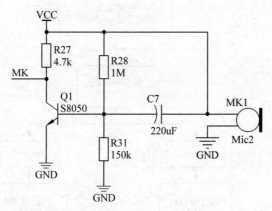

图 7.12 声音感应模块的仿真电路图(Proteus 绘制)

任务 2　智能避障小车的程序设计

任务目标

（1）理解小车避障的工作流程。
（2）完成智能避障小车的程序设计。

任务内容

（1）智能避障小车工作流程分析。
（2）智能避障小车的程序设计。

任务相关知识

图 7.13 所示为智能避障小车程序的主流程图。通电开机，小车默认工作于避障状态，数码管显示 1。通过按键可以改变小车的工作模式，每按一次键模式变量加 1。两种工作模式循环进行，数码管循环显示 1、2 两个数字。

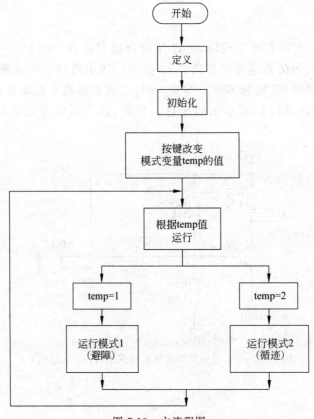

图 7.13　主流程图

主程序代码如下。

```c
void main()
{
    bit RunFlag=0;              //定义小车运行标志位
    IT1=1;                      //设定外部中断 1 为低边缘触发类型
    EA=1;                       //总中断开启
    Stop();                     //初始化小车运行状态为停止

    while(1)                    //程序主循环
    {
        if(K1== 0)              //按键是否按下
        {
            while(!K1);         //等待按键弹起
            temp++;             //模式变量加 1
            if(temp == 3)       //如果模式变量为 3,则重新赋值为 1
            {
                temp = 1;
            }
        }

        switch(temp)
        {
            case 1:ShowPort = LedShowData[0];Robot_Avoidance();break;   //避障模式
            case 2: ShowPort = LedShowData[1];Robot_Traction();break;   //循迹模式
        }
    }
}
```

任务实施

1. 避障模式程序设计

图 7.14 所示为避障模式子程序流程图。程序开始,先对指示灯变量赋值,然后检测避障红外传感器的信号。如果前方有障碍物,则停车 30ms,然后后退 1000ms,接着左转 1800ms。只要检测到前方有障碍物,则一直重复上述三个动作,直到前方没有障碍物,开始前行。程序代码如下。

```c
void Robot_Avoidance()
{
    LeftLed=LeftIR;             //前方左侧指示灯指示出前方左侧红外探头状态
    RightLed=RightIR;           //前方右侧指示灯指示出前方右侧红外探头状态
    FontLled= FontIR;           //前方正面指示灯指示出前方正面红外探头状态
```

```
       if(FontIR == 0)                    //如果前面避障传感器检测到障碍物
       {
         Stop();                          //停止
         delay_nms (300);                 //停止300ms,防止电机反相电压冲击,导致系统复位
         B_Run();                         //后退
         delay_nms (1000);                //后退1000ms
         L_Turn();                        //左转
         delay_nms (1800);                //左转1800ms
       }
       if(FontIR == 1)
       {
         F_Run();                         //如果前面避障传感器未检测到障碍物,则前进
         delay_nms (10);
       }
     }
```

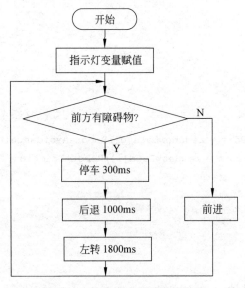

图 7.14 避障模式子程序流程图

2. 循迹模式程序设计

图 7.15 所示为循迹模式子程序流程图。程序开始,先对指示灯变量赋值,然后检测循迹红外传感器的信号,如果左右两侧都没有检测到黑线,则前进;如果左侧检测到黑线,则左转;如果右侧检测到黑线,则右转。程序代码如下。

```
void Robot_Traction()
{
    LeftLed=LeftIR;                      //前方左侧指示灯指示出前方左侧红外探头状态
    RightLed=RightIR;                    //前方右侧指示灯指示出前方右侧红外探头状态
```

```
      FrontLed= FontIR;           //前方正面指示灯指示出前方正面红外探头状态

      if(LeftIR == 0 && RightIR == 0)    //两个红外传感器未检测到黑线,则前进
      {
        F_Run();
        delay_nms (10);
      }

      if(LeftIR == 0 && RightIR == 1)    //右侧红外传感器检测到黑线,则右转
      {
        L_Turn();
        delay_nms (10);
      }

      if(LeftIR == 1 && RightIR == 0)    //左侧红外传感器检测到黑线,则左转
      {
        L_Turn();
        delay_nms (10);
      }
    }
```

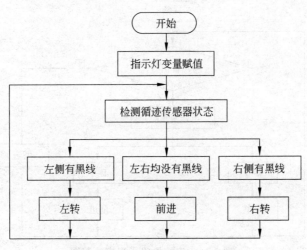

图 7.15 循迹模式子程序流程图

任务扩展

图 7.16 所示为小车声控模式子程序流程图。程序开始,先判断是否有声音信号,如果有声音信号,则将声音计数变量加 1,当计数变量为 2 时,计数变量清 0。计数变量为 0 时,小车前进;计数变量为 1 时,小车停止。程序代码如下。

```
void Robot_SoundControl()
```

```
{
    uchar k;                        //定义声音计数变量
    if(MK==0)                       //判断是否有声音信号
    {
        while(!MK);                 //等待声音信号消失
        k++;                        //声音计数变量加1
        if(k==2)                    //声音计数变量若为2,则变量重新赋值0
        {
            k=0;
        }
    }
    if(k==0)                        //声音计数变量为0,则停车
    {
        Stop();
    }
    if(k==1)                        //声音计数变量为1,则前进
    {
        F_Run();
    }
}
```

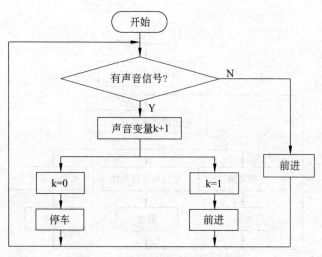

图 7.16　声控模式子程序流程图

增加声控模式扩展功能之后,完整的仿真电路原理图(Proteus 绘制)如图 7.17 所示,图 7.18 为仿真电路图(Proteus 绘制)。

修改后的主程序代码如下。

```
void main()
{
    bit RunFlag=0;                  //定义小车运行标志位
    IT1=1;                          //设定外部中断1位低边沿出发类型
```

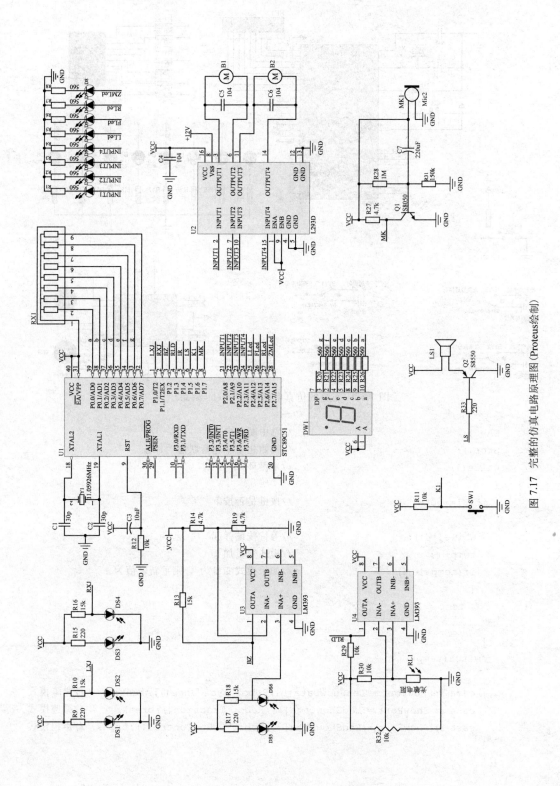

图 7.17 完整的仿真电路原理图(Proteus绘制)

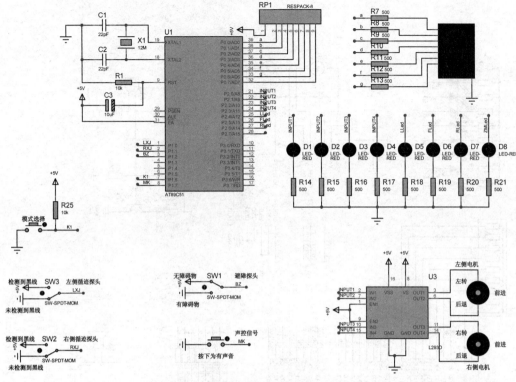

图 7.18　完整的仿真电路图（Proteus 绘制）

```
EA=1;                          //总中断开启
Stop();                        //初始化小车运行状态为停止
while(1)                       //主循环
{
  if(K1== 0)                   //按键是否按下
  {
   while(!K1);                 //等待按键弹起
   temp++;                     //模式变量加 1
    if(temp == 4)              //如果模式变量为 4,则重新赋值为 1
    {
      temp = 1;
    }
  }
  switch(temp)
  {
    case 1:ShowPort = LedShowData[0];Robot_Avoidance();break;    //避障模式
    case 2: ShowPort = LedShowData[1];Robot_Traction();break;    //循迹模式
    case 3: ShowPort = LedShowData[2];Robot_SoundControl();break; //声控模式
  }
}
```

项目 8

智能路灯控制系统的设计

 项目目标

(1) 理解智能路灯控制系统的工作原理。
(2) 学会智能路灯控制系统的电路设计方法。
(3) 学会智能路灯控制系统的程序设计方法。

 项目任务

(1) 智能路灯控制系统的电路设计。
(2) 智能路灯控制系统的程序设计。

 项目相关知识

中国城市化建设的不断深入与经济的持续高速发展使得人们的生活水平不断提高,在推进城市亮化工程的进程中,城市道路照明、灯饰工程等逐渐受到重视,照明光源和调控设备得到了空前的发展。与此同时,路灯的电能消耗和灯具损耗也越来越多,因此,将节能与环保的技术运用于照明路灯成为大势所趋。

本项目是针对我国在城市照明上所存在的巨大的能源消耗而开发的新型节能控制系统。智能路灯控制系统以单片机为控制核心,外围包括太阳能供电模块、光照采集模块、路况采集模块、通信模块与故障检测模块。当白天太阳光线充足时,系统太阳能板对蓄电池供电,为晚上路灯工作储备电能。智能路灯控制系统通过光照采集模块对环境光照强度进行检测,当光线暗到一定程度时,自动开启路灯;路况采集模块能够采集路上行人和车辆情况,当晚上无人或车辆通过时,路灯熄灭或变暗,达到节能目的。该系统还可以自动检测路灯是否故障,当路灯故障不能正常发光时,单片机可以检测到故障信号,并能通过无线通信模块将该信号发送给控制室进行报警,从而使路灯得到及时维修。

任务 1　智能路灯控制系统的电路设计

任务目标

（1）理解智能路灯控制系统的工作原理。
（2）完成智能路灯控制系统的电路设计。

任务内容

（1）智能路灯控制系统原理分析。
（2）智能路灯控制系统的电路设计。

任务相关知识

图 8.1 所示为智能路灯控制系统的结构框图。各模块的功能如下。

（1）主控模块（单片机）：智能路灯控制系统的控制核心，负责接收传感器信号进行分析处理，然后控制路灯亮灭、光照强度及检测路灯故障情况。

（2）光照采集模块：采集环境光照强度并将该信号传送给单片机。

（3）路况采集模块：采集路上行人及车辆情况并将该信号传送给单片机，包括行人检测和车辆检测两个子模块。

（4）路灯控制模块：根据光照强度及路况进行路灯亮灭控制。

（5）电源模块：采集太阳能为系统供电。

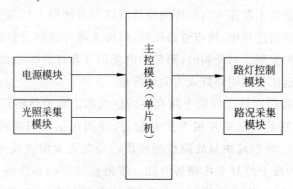

图 8.1　智能路灯控制系统结构框图

任务实施

1. 主控模块

主控模块电路是单片机最小系统电路。该电路主要包含单片机芯片、晶振电路、复位电路及单片机各个端口的分配，其仿真电路图如图 8.2 所示。单片机最小系统工作原理在前面项目中已经详细介绍过，这里不再赘述。图 8.2 中除了单片机最小系统外，还包括单片机与其他电路的连接端口,全部通过网络标号进行连接。

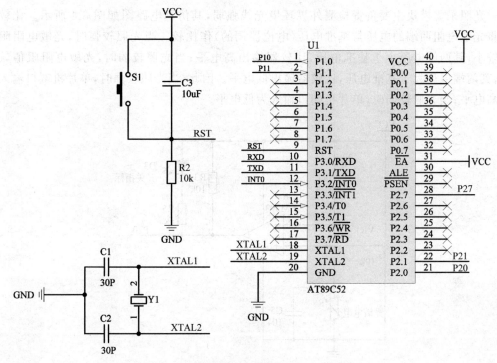

图 8.2 主控模块仿真电路图(Proteus 绘制)

2. 电源模块

电源模块中,在光伏充电控制器 W2 的相应端口连接太阳能电池板 W1、蓄电池 B1 以及 7805 稳压器。太阳能电池板将光能转化成电能,由于光伏充电控制器可以稳压,为防止过度充电,将充电控制器连接到蓄电池上,蓄电池的电压通过充电控制器,经过 LM7805 的三端稳压芯片把 12V 电压变成 5V 电压供给单片机以及其他模块。其仿真电路图如图 8.3 所示。

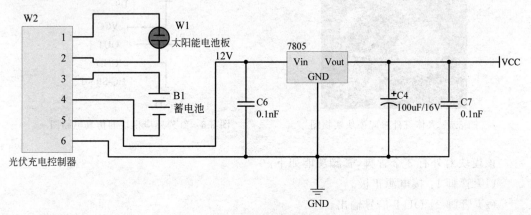

图 8.3 电源模块仿真电路图(Proteus 绘制)

3. 光照采集模块

光照采集模块主要负责检测外界环境光线强弱,其仿真电路图如图 8.4 所示。比较器将光敏电阻两端的电压与基准电压(电位器调的)作比较。当光照较强时,光敏电阻阻值较小,其两端电压小于基准电压,比较器输出高电平;当光照较弱时,光敏电阻阻值较大,其两端电压大于基准电压,比较器输出低电平。因此,当光照较强时,单片机端口输入为高电平;当光照较弱时,单片机端口输入为低电平。

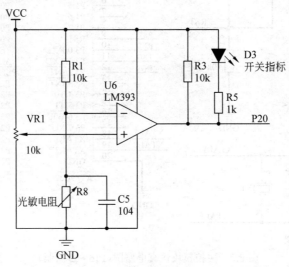

图 8.4　光照采集模块仿真电路图(Proteus 绘制)

4. 行人检测模块

本系统利用人体红外感应模块检测是否有行人通过,图 8.5 所示为红外感应模块实物图。图 8.6 所示为红外感应模块的仿真电路图。该模块的型号为 HC-SR501,采用 LH1788 探头设计,是基于红外线技术的自动控制产品,灵敏度高,可靠性强。

 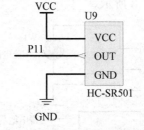

图 8.5　人体红外感应模块实物图　　图 8.6　红外感应模块的仿真电路图

该模块对外有 3 个管脚,管脚功能如下。

(1) 管脚 1:接电源正极。

(2) 管脚 2:OUT 信号输出。

(3) 管脚 3:接电源负极。

该模块的 H 端口为可重复触发端口;L 端口为不可重复触发端口;CDS 端口为光敏电阻接头,RT 端口为温度补偿电阻接头。

HC-SR505 的特点如下。

(1) 全自动感应。当有人进入其感应范围则输入高电平;人离开感应范围则自动延时关闭高电平,输出低电平。

(2) 光敏控制(可选)。模块预留有位置,可设置光敏控制,白天或光线强时不感应。光敏控制为可选功能,出厂时未安装光敏电阻。如果需要,可另行购买光敏电阻自己安装。

(3) 两种触发方式。L 为不可重复,H 为可重复。可跳线选择,默认为 H。

① 不可重复触发方式。感应输出高电平后,延时时间到则输出自动从高电平变为低电平。

② 可重复触发方式。感应输出高电平后,在延时时间段内,如果有人在其感应范围内活动,其输出将一直保持高电平,直到人离开后才延时将高电平变为低电平(感应模块检测到人的每一次活动后会自动顺延一个延时时间段,并且以最后一次活动的时间为延时时间的起始点)。

(4) 具有感应封锁时间(默认设置为 3~4 秒)。感应模块在每一次感应输出后(高电平变为低电平),可以紧跟着设置一个封锁时间,在此时间段内感应器不接收任何感应信号。此功能可以实现感应输出时间和封锁时间的间隔工作,还可应用于间隔探测产品;同时此功能可有效抑制负载切换过程中产生的各种干扰。

(5) 工作电压范围宽。默认工作电压为 DC 5~20V。

(6) 微功耗。静态电流为 65μA。

(7) 输出高电平信号。此特点方便了其与各类电路实现对接。

使用该模块的注意事项如下。

(1) 感应模块通电后有一分钟左右的初始化时间,在此时间段内模块会间隔地输出 0~3 次,一分钟后进入待机状态。

(2) 应尽量避免灯光等干扰源近距离直射模块表面的透镜,以免引进干扰信号产生误动作;使用环境中应尽量避免流动的风,风也会对感应器造成干扰。

(3) 感应模块采用双元探头,探头的窗口为长方形。双元(A 元、B 元)位于较长方向的两端,当人从左到右或从右到左走过时,红外光谱到达双元的时间、距离有差值,差值越大,感应越灵敏。当人从正面走向探头或从上到下或从下到上方向走过时,双元检测不到红外光谱距离的变化,无差值,因此感应不灵敏或不工作。所以安装感应器时应尽量使探头双元的方向与人活动最多的方向平行,保证人经过时先后被探头双元所感应。为了增加感应角度范围,本模块采用圆形透镜,也使得探头四面都感应,但左右两侧仍然比上下两个方向感应范围大、灵敏度强,安装时仍须尽量满足以上要求。

5. 车辆检测模块

本系统利用超声波模块检测道路车辆情况,当一定距离范围内有车辆时,就开启路灯。使用的超声波模块型号为 HC-SR04,图 8.7 所示为超声波模块的实物图,其仿真电路图如图 8.8 所示。

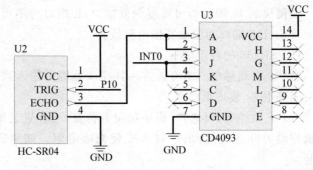

图 8.7　超声波模块实物图　　　图 8.8　超声波检测模块仿真电路图（Proteus 绘制）

HC-SR04 的使用方法很简单：一个控制口发一个 $10\mu s$ 以上的高电平触发（控制端），就可以在接收口等待高电平输出。一有输出就可以开定时器计时，当此端口变为低电平时就可以读定时器的值，得出的时间就为此次测距的时间，利用此时间可算出距离，计算公式如下。

$$测试距离 = 高电平时间 \times 声速(340m/s) \div 2$$

模块测距的操作步骤如下。

（1）采用单片机 IO 端口触发模块（控制端），输出至少 $10\mu s$ 的高电平信号。

（2）触发 trig 端之后，模块自动发送 8 个 40kHz 的方波，模块再自动检测是否有信号返回。

（3）如果有信号返回，模块 echo 端输出一个高电平，高电平持续的时间就是超声波从发射到返回的时间。

（4）单片机计算 echo 端高电平的时间，计算距离并显示。

$$测试距离 = 高电平时间 \times 声速(340m/s) \div 2$$

HC-SR04 模块的技术指标如下。

（1）使用电压：DC 5V。

（2）静态电流：小于 2mA。

（3）电平输出：高 5V。

（4）电平输出：低 0V。

（5）感应角度：不大于 15°。

（6）探测距离：2～500cm。

（7）探测精度：0.3cm。

6. 路灯控制模块

路灯控制模块主要控制路灯的亮灭，其仿真电路图如图 8.9 所示。当需要点亮路灯时，单片机 P2.1 端口输出低电平，三极管 Q3 导通，继电器线圈得电，开关吸合，路灯点亮；当需要熄灭路灯时，单片机 P2.1 端口输出高电平，三极管 Q3 截止，继电器线圈失电，开关断开，路灯熄灭。

 任务扩展

增加路灯故障检测模块和无线通信模块，使系统能够检测路灯是否正常工作，及时发

项目 8 智能路灯控制系统的设计

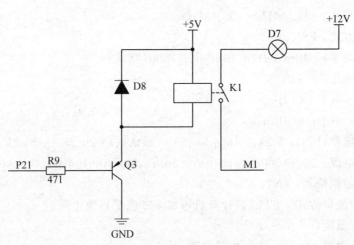

图 8.9 路灯控制模块仿真电路图(Proteus 绘制)

现路灯出现故障,通过无线通信模块将故障信息发送给主控室,使路灯及时得到维修。

1. 故障检测模块

故障检测模块能够及时检测路灯是否出现故障,其仿真电路图如图 8.10 所示。当路灯正常工作时,M1 端获得足够电压,使得三极管 Q2 导通,P2.7 端口变成低电平;当路灯出现故障时,M1 端为低电平,使三极管 Q2 截止,P2.7 端口变成高电平。单片机通过检测 P2.7 端口的电平来判断路灯是否工作正常。

2. 通信模块

通信模块负责路灯控制器与主控室之间的无线通信,从而实现对路灯的实时监控。本系统的无线通信模块采用 XL02-232AP1 模块,图 8.11 所示是无线通信模块的实物图。

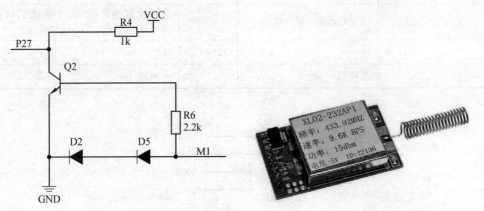

图 8.10 故障检测模块仿真电路图(Proteus 绘制)   图 8.11 无线通信模块实物图

XL02-232AP1 是 UART 接口的半双工无线传输模块,可以工作在 433MHz 公用频段,符合欧洲 ETSI(EN300-220-1 和 EN301-439-3)标准,满足无线管制要求,无须申请频率使用许可证。XL02-232AP1 的性能指标如下:

(1) 工作频率：428.5MHz～435.1MHz。
(2) 调制方式：FSK。
(3) 发射功率：0dBm、5dBm、10dBm、15dBm(默认)。
(4) 工作电压：+5V。
(5) 谐波：小于-60dBc。
(6) 杂散：小于-60dBm。
(7) 串口速率(b/s)：1.2k、2.4k、4.8k、9.6k(默认)、19.2k、38.4k、57.6k、115.2k。
(8) 发射电流：24mA@0dBm、29mA@5dBm、38mA@10dBm、45mA@15dBm。
(9) 接口数据格式：8N1。
(10) 用户接口方式：TTL(接计算机请加232电平转换电路)。
(11) 工作温度：-30～70℃。
(12) 工作湿度：10%～90%相对湿度，无冷凝。
(13) 外形尺寸：24mm×40mm。
(14) 参考距离：300m(天线若用17.2cm导线，则距离可达500m)。

XL02-232AP1的引脚定义如表8.1所示。其仿真电路图如图8.12所示。

表8.1　XL02-232AP1的引脚定义

引脚	定义	说明	电平	备注
1	VCC	电源	+5V	模块的第一个方形焊盘
2	GND	地	GND	
3	TXD	模块数据输出 (接用户的RXD)	TTL	
4	RXD	模块数据输入 (接用户的TXD)	TTL	
5	SET	设置时拉低，平时悬空		进入设置模式时，请先将此端口拉低，再给模块上电，此时绿灯长亮
6	GND	地	GND	
7	NC	未使用		不连接

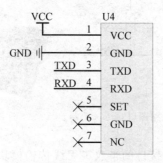

图8.12　无线通信模块仿真电路图(Proteus绘制)

任务 2　智能路灯控制系统的程序设计

 任务目标

（1）理解智能路灯控制系统的工作流程。
（2）完成智能路灯控制系统的程序设计。

 任务内容

（1）智能路灯控制系统工作流程分析。
（2）智能路灯控制系统的程序设计。

任务相关知识

图 8.13 所示为智能路灯控制系统的主流程图。系统通电运行后，首先进行系统初始化，然后检测环境光照强度，如果光照强，则熄灭路灯；如果光照弱，则要检测是否有行人和车辆通过。如果光照弱，但是没有行人和车辆，则熄灭路灯；如果光照弱，但是有行人或者车辆，则点亮路灯，返回循环进行。

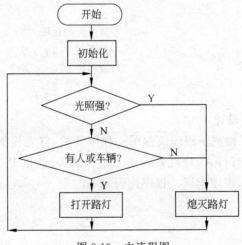

图 8.13　主流程图

程序代码如下。

```
void main()
{
    TMOD=0X01;          //定时器 T0 工作在方式 1,定时器 T1 工作在方式 2
    TRIG1=0;            //拉低激励信号,超声波脉冲信号置 0
    TR1=1;              //启动定时器 T1
    LED=1;              //路灯控制开关置 1,路灯熄灭
    W_LED=0;            //故障报警灯熄灭
```

```
    while(1)                          //主循环
    {
        EA=1;                         //打开总中断
        IT0=1;                        //外部中断0下降沿触发
        EX0=1;                        //打开外部中断0
        maichong_CH();                //产生超声波脉冲信号
        GZ();                         //光照检测
        HW();                         //红外检测
        Control();                    //路灯控制
    }
}
```

任务实施

1. 光照检测子程序设计

图8.14所示为光照检测子程序流程图。程序开始,首先检测光照检测端口P2.0,如果P2.0为低电平,则光照弱,将光照标志flag_g置1;如果P2.0为高电平,则光照强,将光照标志flag_g置0,程序返回。程序代码如下。

```
void GZ()
{
    if(keyGZ==0)                      //判断光照强度
        flag_g=1;                     //光照弱 flag_g置1
    else flag_g=0;                    //否则将 flag_g置0
}
```

2. 红外检测子程序设计

图8.15所示为光照检测子程序流程图。程序开始,首先检测红外检测端口P1.1,如果P1.1为低电平,则没有行人,将红外标志flag_h置0;如果P1.1为高电平,则有行人,将红外标志flag_h置1,程序返回。程序代码如下。

```
void HW()
{
    if(keyHW==1)                      //判断红外检测
        flag_h=1;                     //检测到有人,将 flag_h置1
    else flag_h=0;                    //否则将 flag_h置0
}
```

3. 车辆检测子程序设计

本系统利用超声波测距原理进行车辆的检测。在一定距离范围内如果能收到超声波回波,则认为有车辆经过。图8.16所示为超声波测距子程序流程图。单片机发送超声波启动脉冲,利用外部中断0接收超声波回波信号,计算距离。如果在规定距离范围之内,则超声波检测标志flag_c置1;如果在规定距离范围之外,则超声波检测标志flag_c置0。

程序代码如下。

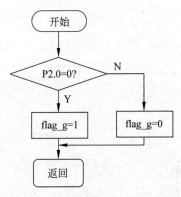

图 8.14　光照检测子程序流程图

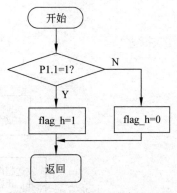

图 8.15　光照检测子程序流程图

```
void maichong_CH()              //超声波启动脉冲信号
{
    if(c==0)
    {
        TRIG1=1;                //拉高激励信号
        delay_20us();           //延时 20μs
        TRIG1=0;                //拉低激励信号
    }
    else
    {
        TRIG2=1;
        delay_20us();           //延时 20μs
        TRIG2=0;
    }
    c=~c;
}
void int0() interrupt 0         //外部中断函数
{
    EX0=0;                      //关闭外部中断 0
    TH0=0;                      //定时器 0 高 8 位清零
    TL0=0;                      //定时器 0 低 8 位清零
    TR0=1;                      //打开定时器 T0
    if(ECHO==0)                 //如果收到回波,则计算距离,否则返回
    {
        TR0=0;                  //关闭定时器 T0
        t=TH0*256+TL0;
        s=(t*1.7)/100;          //计算距离 cm
        if(s<=100)              //判断距离是否小于 100
            flag_c=1;           //flag_c 置 1
        else
```

```
        flag_c=0;                      //flag_c 置 0
    }
}
```

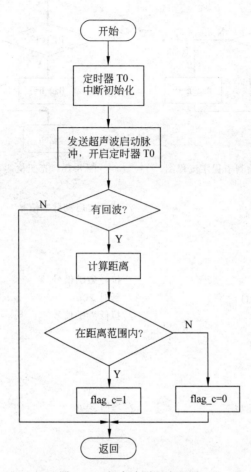

图 8.16 超声波测距流程图

任务扩展

1. 故障检测子程序设计

图 8.17 所示为路灯故障检测子程序流程图。当路灯处于打开状态时,单片机读取故障检测端口 keyJC 的状态。如果路灯发生故障,则 keyJC 为高电平,点亮故障报警灯;如果路灯正常工作,则 keyJC 为低电平,熄灭故障报警灯。

程序代码如下。

```
void Fault()
{
    if(LED==0)              //判断路灯是否点亮
    {
```

```
        if(keyJC==1)                    //检测故障检测口
        {
            flag_j=1;                   //若故障检测端口或 LED 输出为 0,则将 flag_j 置 1
            W_LED=1;                    //点亮故障报警灯
        }
        else
        {
            flag_j=0;                   //否则将 flag_j 置 0
            W_LED=0;                    //熄灭故障报警灯
        }
    }
}
```

2. 无线通信子程序设计

本系统中,当路灯出现故障时,能够通过无线通信模块将路灯故障码发送给主控制器。图 8.18 所示为无线通信子程序设计。采用串口通信,波特率为 9600。程序开始,先检测故障标志 flag_j,如果 flag_j 为 1,则发生故障,将故障码送入 SBUF 发送出去;如果 flag_j 为 0,则没有发生故障,直接返回。

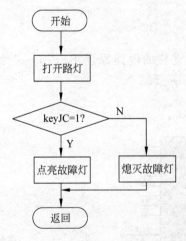
图 8.17　故障检测子程序流程图

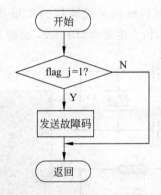
图 8.18　故障码发送子程序流程图

程序代码如下。

```
/******************串口发送子函数**********************************/
void Send_c(uchar date)
{
    SBUF=date;                          //将数据放入缓冲器
    while(TI==0);                       //等待发送标志位置 1
    TI=0;                               //软件清零发送标志位
}
/******************故障码发送子函数********************************/
```

```c
void Send_F()
{
  uchar i;
  if(flag_j==1)
  {
    for(i=0;i<3;i++)
    {
      Send_c(guzhang_M[i]+'0');    //发送故障码
      delay();                     //延时
    }
    Send_c(' ');                   //发送空格
    delay();                       //延时
  }
  if(flag_j==0)
  {
    Send_c('5');                   //发送故障码
    delay();                       //延时
    Send_c(' ');                   //发送空格
    delay();                       //延时
  }
}
```

增加故障检测和无线通信的扩展功能之后,完整的电路原理图(Proteus 绘制)如图 8.19 所示,仿真电路图(Proteus 绘制)如图 8.20 所示。

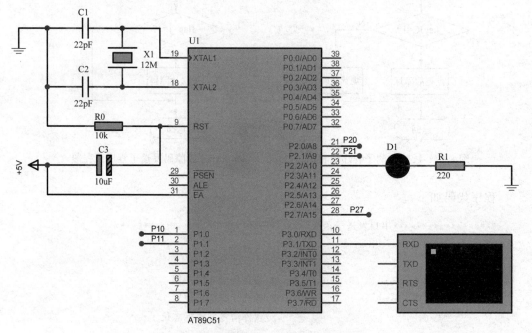

图 8.19　完整的电路原理图(Proteus 绘制)

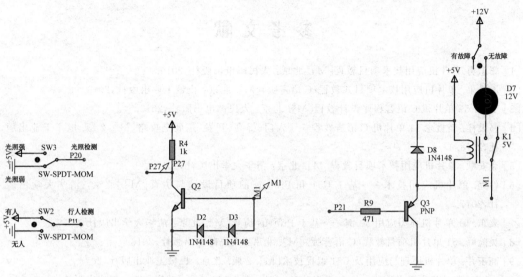

图 8.20 完整的仿真电路图(Proteus 绘制)

修改后的主程序代码如下。

```
void main()
{
    TMOD=0X21;              //定时器 T0 工作在方式 1,定时器 T1 工作在方式 2
    TRIG1=0;                //拉低激励信号超声波脉冲信号置 0
    SCON=0x40;              //串口工作方式 1
    PCON=0x00;              //波特率 9600
    TH1=0xfd;               //给定时器 T1 高八位赋值
    TL1=0xfd;               //给定时器 T1 低八位赋值
    TR1=1;                  //启动定时器 T1
    TI=0;                   //串口发送标志清 0
    LED=1;                  //路灯控制开关置 1,路灯熄灭
    W_LED=0;                //故障报警灯熄灭
    while(1)                //主循环
    {
        EA=1;               //打开总中断
        IT0=1;              //外部中断 0 下降沿触发
        EX0=1;              //打开外部中断 0
        maichong_CH();      //产生超声波脉冲信号
        GZ();               //光照检测
        HW();               //红外检测
        Control();          //路灯控制
        Fault();            //故障检测
        Send_F();           //发送故障码
    }
}
```

参 考 文 献

[1] 郭志勇.单片机应用技术项目教程[M].北京:人民邮电出版社,2019.

[2] 孟凤果.单片机应用技术项目式教程(C语言版)[M].北京:机械工业出版社,2018.

[3] 王云.51单片机C语言程序设计教程[M].北京:人民邮电出版社,2018.

[4] 郭天祥.新概念51单片机C语言教程——入门、提高、开发、拓展全攻略[M].2版.电子工业出版社,2018.

[5] 龚安顺.单片机应用技术项目教程[M].北京:清华大学出版社,2017.

[6] 韩克.单片机应用技术——基于C51和Proteus的项目设计与仿真[M].北京:清华大学出版社,2017.

[7] 袁东.51单片机典型应用30例——基于Proteus仿真[M].北京:清华大学出版社,2016.

[8] 吴险峰.51单片机项目教程(C语言版)[M].北京:人民邮电出版社,2016.

[9] 高玉芹.单片机原理与应用及C51编程技术[M].2版.北京:机械工业出版社,2017.

[10] 林立.单片机原理及应用——基于Proteus和Keil C[M].4版.北京:电子工业出版社,2017.

[11] 张迎新.单片机初级教程——单片机基础[M].3版.北京:北京航空航天大学出版社,2015.

[12] 王会良.单片机C语言应用100例[M].3版.北京:电子工业出版社,2012.

[13] 彭伟.单片机C语言程序设计实训100例——基于8051+Proteus仿真[M].2版.北京:电子工业出版社,2012.

[14] 张俊馍.单片机中级教程:原理与应用[M].2版.北京:北京航空航天大学出版社,2006.

[15] 王会良.单片机C语言应用100例[M].3版.北京:电子工业出版社,2012.

附录 A

Keil 51 软件使用方法

Keil 51 是单片机应用开发软件之一。它支持众多不同公司的 MCS51 架构的芯片，集编辑、编译、仿真等于一体，同时还支持 PLM、汇编语言和 C 语言程序设计。它的界面和常用的微软 VC++ 的界面相似，界面友好，易学易用，在调试程序、软件仿真方面也有很强大的功能。

1. 软件使用方法

软件安装完成后，就可以创建项目，进行程序编写与调试了。具体步骤如下。

启动 Keil 51 软件，几秒后出现如图 A.1 所示的界面。

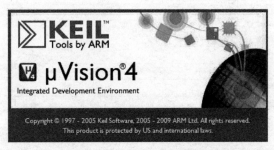

图 A.1　Keil 启动时的界面

接着按下面的步骤建立第一个项目。

(1) 创建新项目。选择 Project→New μVision Project 命令，如图 A.2 所示。接着弹出一个标准 Windows 文件保存对话框，如图 A.3 所示。在"文件名"文本框中输入 C 语言项目名称，这里用 test，也可以换成其他名字，只要符合 Windows 文件命名规则即可。保存后的文件扩展名为 uv4，这是 Keil μVision 4 项目文件的扩展名，以后可以直接打开此文件。

(2) 选择要用的单片机。项目文件保存好后，会出现单片机选择对话框，如图 A.4 所示。这里选择常用的 Ateml 公司的 AT89C51，如图 A.5 所示。

(3) 编写程序。在图 A.5 中单击 OK 按钮，打开图 A.6 所示的对话框，这里单击"否"按钮。然后进入图 A.7 所示的界面。在图 A.7 中，选择 File→New 命令，创建一个新文件，保存为 test.c，如图 A.8 所示，保存路径与 test 项目路径一致。单击"保存"按钮，进入程序编写界面，如图 A.9 所示。此时可以将程序输入进去并保存，如图 A.10 所示。这段

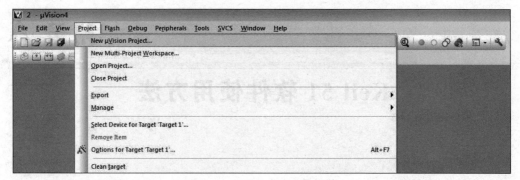

图 A.2　Project 菜单

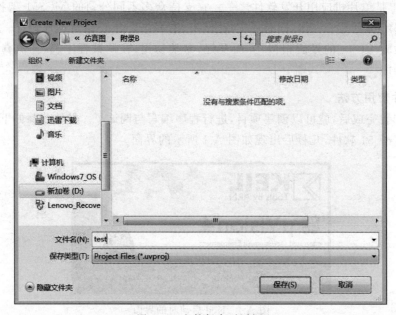

图 A.3　文件保存对话框

程序的功能是不断从串口输出"Hello World!"字符串。

（4）加载 C 语言文件。将图 A.10 中的程序保存后会发现代码中的关键词有了不同的颜色，说明 Keil 的 C 语法检查生效了。如图 A.11 所示，在屏幕左边的 Source Group 1 文件夹图标上右击，在弹出的菜单中选择 Add Files to Group 'Source Group 1'命令，弹出文件打开对话框，选择刚刚保存的文件，单击 ADD 按钮，关闭对话框，程序文件已加到项目中了。这时在 Source Group 1 文件夹图标左边出现了一个"＋"号，说明文件组中有了文件，单击它可以展开查看，如图 A.12 所示。

（5）编译文件。如图 A.13 所示，图中 1、2、3 所示都是编译按钮，按钮 1 用于编译单个文件；按钮 2 用于编译当前项目，如果先前编译过一次之后文件没有做编辑改动，这时再单击是不会重新编译的；按钮 3 用于重新编译，每单击一次均会再次编译链接一次，不管程序是否有改动。在按钮 3 右边的是"停止编译"按钮，只有单击了前三个中的任一个，"停止编译"按钮才会生效。命令组 5 所示是这三个按钮在菜单中的相应命令。这个项目

附录 A　Keil 51 软件使用方法

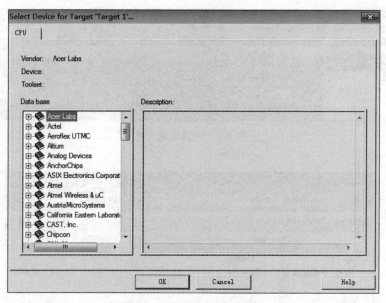

图 A.4　单片机选择对话框

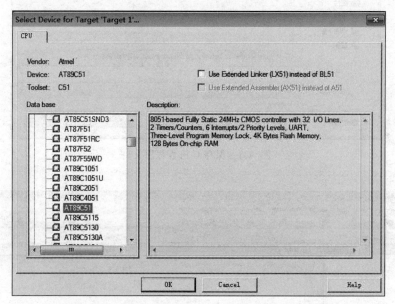

图 A.5　选择 AT89C51 单片机

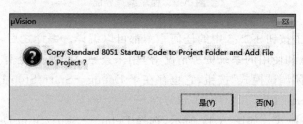

图 A.6　选择确认对话框

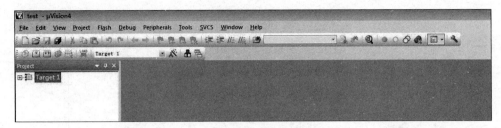

图 A.7　项目创建完成

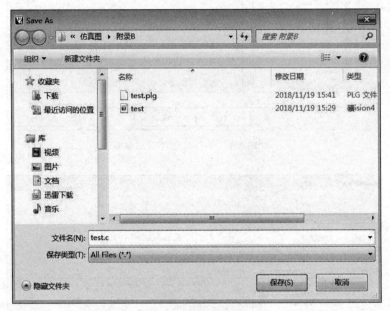

图 A.8　保存 C 语言程序文件

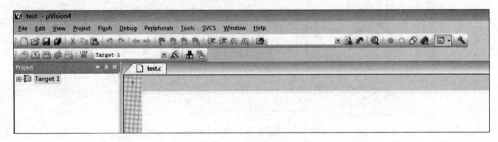

图 A.9　程序编写界面

只有一个文件，单击按钮 1、2、3 中的任何一个都可以编译。编译之后，在窗格 4 中可以看到编译的错误信息和使用的系统资源情况等，用来查错。按钮 6 是有一个放大镜状的按钮，这是"开启/关闭调试模式"按钮，它也存在于 Debug→Start/Stop Debug Session 子菜单中，快捷键为 Ctrl+F5。

（6）进入调试模式。如图 A.14 所示，选择 Debug→Start/Stop Debug Session 命令，软件进入调试模式，窗口样式如图 A.15 所示。图中按钮 1 为运行按钮，当程序处于停止

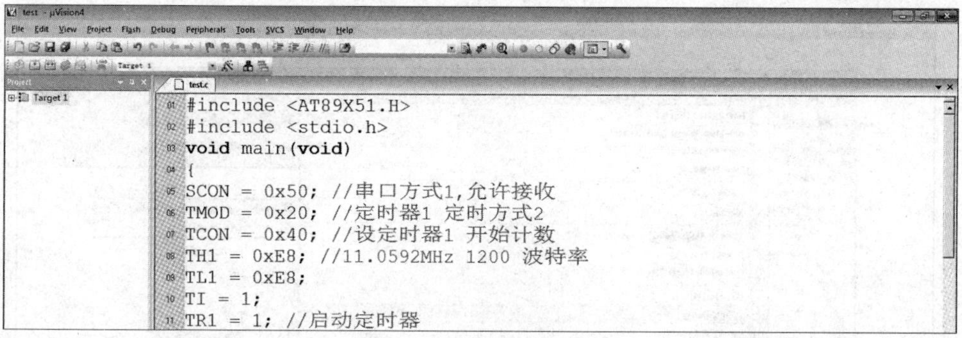

图 A.10　程序输入、保存

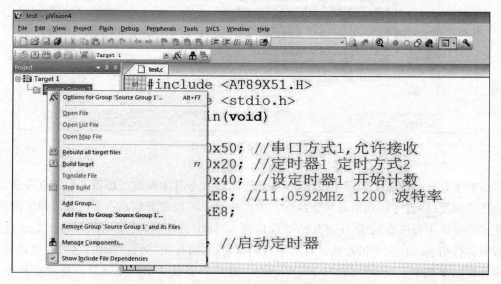

图 A.11　文件加载菜单

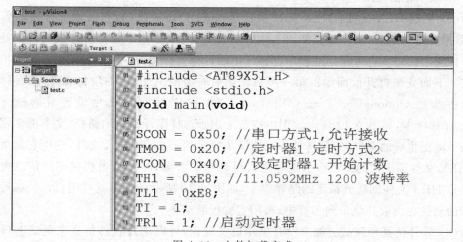

图 A.12　文件加载完成

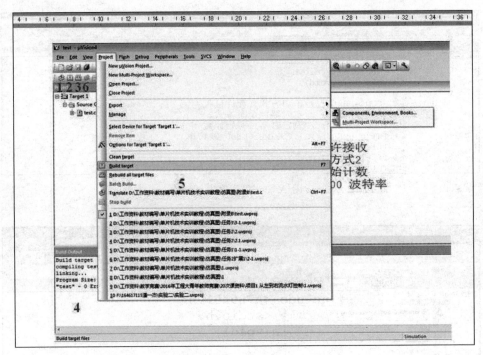

图 A.13 文件编译界面

状态时才有效。按钮 2 为停止按钮,程序处于运行状态时才有效。按钮 3 是复位按钮,模拟芯片的复位,程序回到最开头处执行。单击按钮 4 可以打开窗格 5——串行调试窗格,从这个窗格中可以看到从 51 芯片的串行口输入/输出的字符,这里的项目也正是在这里查看运行结果。首先单击按钮 4 打开串行调试窗格,再单击"运行"按钮,这时就可以看到串行调试窗格中不断地打印"Hello World!",这样就完成了第一个项目。要停止程序运行则回到文件编辑模式,单击"停止"按钮后再单击"开启/关闭调试模式"按钮,就可以进行关闭 Keil 等相关操作了。

(7) 生成 HEX 文件:HEX 文件格式是 Intel 公司提出的,它按地址排列的数据信息,数据宽度为字节,所有数据使用十六进制数字表示,常用来保存单片机或其他处理器的目标程序代码。它保存物理程序存储区中的目标代码镜像。一般的编程器都支持这种格式。下面先来打开前面做的第一项目。然后右击图 A.16 中的项目文件夹,在弹出的菜单中选择 Options for Target 'Target 1'命令,弹出项目选项设置对话框。转到 Output 选项卡,如图 A.17 所示。图中按钮 1 用于选择编译输出的路径;文本框 2 用于设置编译输出生成的文件名;复选框 3 则用于决定是否要创建 HEX 文件,选中它就可以输出 HEX 文件到指定的路径中。选好之后再将它重新编译一次,很快在编译信息窗口中就显示 HEX 文件创建到指定的路径中了,如图 A.18 所示。这样就可用自己的编程器所附带的软件去读取并烧录到芯片中,再用实验板看结果。

(8) 软件仿真和调试。如果没有单片机实验板,可以通过软件仿真来调试 I/O 端口输入/输出程序。按照(1)~(7)步骤,重新创建项目,并编写如下程序。程序编写完成,保

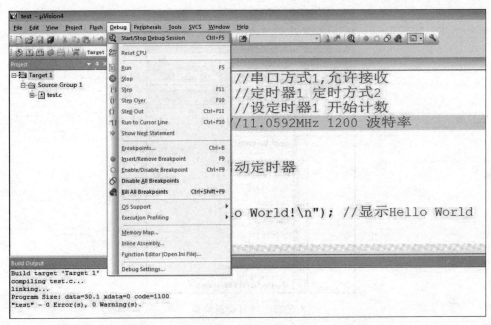

图 A.14 调试菜单命令

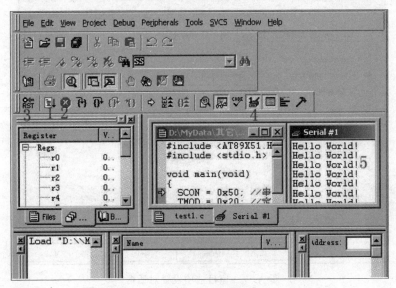

图 A.15 调试运行程序

存、编译,直到没有错误和警告。

程序代码如下。

```
#include <reg51.h>
#define uchar unsigned char
#define uint  unsigned int
```

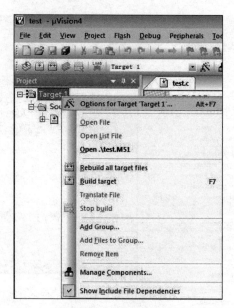

图 A.16 项目功能菜单

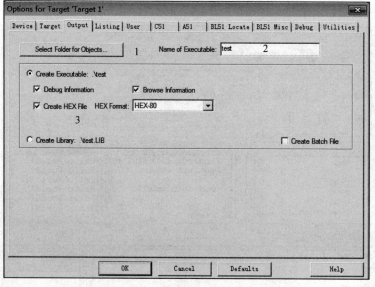

图 A.17 项目选项设置对话框

```
//定义LED灯显示数据
uchar Led_Data[]={0xff,0x7f,0xbf,0xdf,0xef,0xf7,0xfb,0xfd,0xfe};
                            /*定义LED灯显示数据*/
void Delay(uint i);         //定义延时函数
void Led_Display();         //定义闪烁函数
void main()                 //主函数
{
```

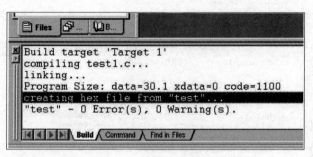

图 A.18　编译信息窗口

```
  while(1)
  {
    Led_Display();                //调用 LED 显示函数
  }
}
void Led_Display()
{
  uchar i;
  for(i=0;i<9;i++)
  {
    P0=Led_Data[i];               //取数组中数据,由 P0 端口输出控制 LED 灯显示效果
    Delay(30);
  }
}
void Delay(uint i)                //延时函数
{
  uint x,y;
  for(x=i;x>0;x--)
  for(y=1100;y>0;y--);
}
```

编译运行上面的程序,然后选择 Peripherals→I/O Ports→Port 0 命令即可打开 Port0 的调试窗格,如图 A.19 所示。单击运行按钮程序即开始运行,但此时并不能在 Port 0 调试窗格中看到效果。在 P0=Led_Data[i]语句处设置一个断点,这时程序运行到这里就停止了。此时查看一下 Port 0 调试窗格,再单击"运行"按钮,程序又运行到设置断点的地方停止了,这时 Port 0 调试窗格的状态又不同了。也就是说,Port 0 调试窗格中模拟了 P0 端口的电平状态。窗格中 P0 为 P0 寄存器的状态,Pins 为引脚的状态。需要注意的是,如果是读引脚值,必须把引脚对应的寄存器置 1 才能正确读取。在 Watches 窗格可查看各变量的当前值,数组和字串显示其首地址,如本例中的 Led_Data 数组保存在代码存储区的首地址为 D:0x08。在 Memory 存储器查看窗格中的 Address 地址中输入 D:0x08 就可以查看到 Led_Data 各个数据和存放地址。

2. 常用数据类型

C 语言的标识符用来标识源程序中某个对象的名字,这些对象可以是语句、数据类

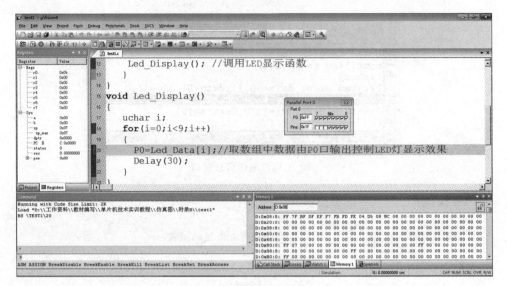

图 A.19　各种调试窗口

型、函数、变量、数组等。C 语言是大小字敏感的一种高级语言，如果要定义一个定时器，可以写作 Timer1，如果程序中有 TIMER1，那么这两个是完全不同定义的标识符。标识符由字符串、数字和下划线等组成，需要注意的是第一个字符必须是字母或下画线，如 1Timer 是错误的，编译时便会有错误提示。有些编译系统专用的标识符是以下画线开头的，所以一般不要以下划线开头命名标识符。标识符在命名时应当简单，含义清晰，这样有助于阅读理解程序。在 C51 编译器中，只支持标识符的前 32 位，一般情况下也足够用了。

关键字是编程语言保留的特殊标识符，它们具有固定名称和含义，在程序编写中不允许标识符与关键字相同。在 Keil μVision 2 中，除 ANSI C 标准的 32 个关键字外，还根据 51 单片机的特点扩展了相关的关键字。在 Keil μVision 2 的文本编辑器中编写 C 程序，系统可以把关键字以不同的颜色显示，默认颜色为天蓝色。

表 A.1 中列出了 Keil μVision 4 C51 编译器所支持的数据类型。在标准 C 语言中基本的数据类型为 char、int、short、long、float 和 double，而在 C51 编译器中，int 和 short 相同，float 和 double 相同，这里就不列出说明了。

表 A.1　Keil μVision 2 C51 编译器所支持的数据类型

数 据 类 型	长　　度	值　　域
unsigned char	1 字节	0～255
signed char	1 字节	−128～+127
unsigned int	2 字节	0～65535
signed int	2 字节	−32768～+32767
unsigned long	4 字节	0～4294967295

续表

数 据 类 型	长 度	值 域
signed long	4 字节	－2147483648～＋2147483647
float	4 字节	(1.175494E-38～3.402823E＋38)∪ (－3.40282E＋38～－1.175494E－38)
*	1～3 字节	对象的地址
bit	1 位	0～1
sfr	1 字节	0～255
sfr16	2 字节	0～65535
sbit	1 位	0～1

1) char 字符类型

char 字符类型的长度是 8 位(1 字节)，通常用于定义处理字符数据的变量或常量，分无符号字符类型 unsigned char 和有符号字符类型 signed char，默认为 signed char 类型。unsigned char 类型用字节中所有的位来表示数值，可以表达的数值范围是 0～255。signed char 类型用字节中最高位字节表示数据的符号，0 表示正数，1 表示负数，负数用补码表示，所能表示的数值范围是－128～＋127。unsigned char 常用于处理 ASCII 字符或用于处理小于或等于 255 的整数。正数的补码与原码相同，负二进制数的补码等于它的绝对值按位取反后加 1。

2) int 整型

int 整型的长度为 16 位(2 字节)，用于存放一个双字节数据，分有符号 int 整型数 signed int 和无符号整型数 unsigned int，默认为 signed int 类型。signed int 表示的数值范围是－32768～＋32767，字节中最高位表示数据的符号，0 表示正数，1 表示负数。unsigned int 表示的数值范围是 0～65535。

3) long 长整型

long 长整型的长度为 32 位(4 字节)，用于存放一个 4 字节数据，分有符号长整型 signed long 和无符号长整型 unsigned long，默认为 signed long 类型。signed long 表示的数值范围是－2147483648～＋2147483647，字节中最高位表示数据的符号，0 表示正数，1 表示负数。unsigned long 表示的数值范围是 0～4294967295。

4) float 浮点型

float 浮点型在十进制下具有 7 位有效数字，是符合 IEEE 754 标准的单精度浮点型数据，占用 4 字节。

5) * 指针型

指针本身就是一个变量，在这个变量中存放的是另一个数据的地址。这个指针变量要占据一定的内存单元，对不同的处理器其长度也不尽相同。在 C51 中它的长度一般为 1～3 字节。指针变量也具有类型。

6) bit 位标量

bit 位标量是 C51 编译器的一种扩充数据类型,利用它可定义一个位标量,但不能定义位指针,也不能定义位数组。它的值是一个二进制位,不是 0 就是 1,类似一些高级语言中的 Boolean 类型中的 True 和 False。

7) sfr 特殊功能寄存器

sfr 也是一种扩充数据类型,占用 1 字节内存单元,值域为 0~255。利用它可以访问 51 单片机内部的所有特殊功能寄存器。如用 sfr P1=0x90 语句定义 P1 为 P1 端口在片内的寄存器,在后面的语句中用 P1=255(对 P1 端口的所有引脚置高电平)之类的语句来操作特殊功能寄存器。

8) sfr16 16 位特殊功能寄存器

sfr16 占用 2 字节内存单元,值域为 0~65535。sfr16 和 sfr 一样用于操作特殊功能寄存器,所不同的是它用于操作占 2 字节的寄存器,如定时器 T0 和 T1。

9) sbit 可寻址位

sbit 是 C51 中的一种扩充数据类型,利用它可以访问芯片内部 RAM 中的可寻址位或特殊功能寄存器中的可寻址位。例如,可以定义 sbit LED0=P0^0,这样在以后的语句中就可以用 LED0 来对 P0.0 引脚进行读写操作。通常可以直接使用系统提供的预处理文件,里面已定义好各特殊功能寄存器的简单名字,直接引用可以节省时间。

3. 常量

常量是在程序运行过程中其值不能改变的量。常量的数据类型只有整型、浮点型、字符型、字符串型和位标量。常量可用在不必改变值的场合,如固定的数据表、字库等。

1) 整型常量

整型常量可以表示为十进制,如 123、0、-89 等;十六进制则以 0x 开头,如 0x34、-0x3B 等。长整型就在数字后面加字母 L,如 104L、034L、0xF340 等。

2) 浮点型常量

浮点型常量可分为十进制和指数表示形式。十进制由数字和小数点组成,如 0.888、3345.345、0.0 等,整数或小数部分为 0,可以省略但必须有小数点。指数表示形式为 "[±]数字[.数字]e[±]数字"。[]中的内容为可选项,其中内容根据具体情况可有可无,但其余部分必须有,如 125e3、7e9、-3.0e-3 等。

3) 字符型常量

字符型常量是单引号内的字符,如'a'、'd'等。不可以显示的控制字符,可以在该字符前面加一个反斜杠"\"组成专用转义字符。常用转义字符如表 A.2 所示。

表 A.2 常用转义字符

转义字符	含　　义	ASCII 值(十六/十进制)
\o	空字符(NULL)	00H/0
\n	换行符(LF)	0AH/10
\r	回车符(CR)	0DH/13

续表

转义字符	含义	ASCII值（十六/十进制）
\t	水平制表符（HT）	09H/9
\b	退格符（BS）	08H/8
\f	换页符（FF）	0CH/12
\'	单引号	27H/39
\"	双引号	22H/34
\\	反斜杠	5CH/92

4）字符串型常量

字符串型常量由双引号内的字符组成，如"test"、"OK"等。当引号内没有字符时，为空字符串。在使用特殊字符时，同样要使用转义字符，如双引号。在 C 语言中字符串常量是作为字符类型数组来处理的，在存储字符串时系统会在字符串尾部加上\0 转义字符以作为该字符串的结束符。字符串常量"A"和字符常量'A'是不同的，前者在存储时多占用 1 字节的空间。

5）位标量

它的值是一个二进制位。

4. 变量

变量是一种在程序执行过程中其值能不断变化的量。要在程序中使用变量必须先用标识符作为变量名，并指出所用的数据类型和存储模式，这样编译系统才能为变量分配相应的存储空间。定义变量的格式如下。

[存储模式] 数据类型 [存储器类型] 变量名表

在定义格式中除了数据类型和变量名表是必要的，其他都是可选项。存储模式有四种：自动（auto）、外部（extern）、静态（static）和寄存器（register），默认为自动（auto）。说明了一个变量的数据类型后，还可选择说明该变量的存储器类型。存储器类型是指该变量在 C51 硬件系统中所使用的存储区域，并在编译时准确定位。表 A.3 所示为 Keil μVision 4 所能识别的存储器类型。

注意：在 AT89C51 芯片中，RAM 只有低 128 位，位于 80H 到 FFH 的高 128 位则在 52 芯片中才有用，并和特殊寄存器地址重叠。

如果省略存储器类型，系统则会按编译模式 SMALL、COMPACT 或 LARGE 所规定的默认存储器类型去指定变量的存储区域。无论什么存储模式都可以声明变量在任何的 8051 存储区范围，然而把最常用的命令如循环计数器和队列索引放在内部数据区可以显著提高系统性能。还要指出的是，变量的存储种类与存储器类型完全无关。

SMALL 存储模式下，把所有函数变量和局部数据段放在 8051 系统的内部数据存储区，这使得访问数据非常快。但 SMALL 存储模式下的地址空间受限。在编写小型应用程序时，变量和数据放在 data 内部数据存储器中是很好的，因为访问速度快；但在编写较大的应用程序时,data 区最好只存放小型的变量、数据或常用的变量(如循环计数器、数据索引),而大型的数据则放置在别的存储区域。

COMPACT 存储模式下,所有的函数、程序变量和局部数据段定位在 8051 系统的外部数据存储区。外部数据存储区可有最多 256 字节(1 页),在本模式中外部数据存储区的短地址用@R0/R1。

LARGE 存储模式下,所有函数、过程的变量和局部数据段都定位在 8051 系统的外部数据区。外部数据区最多可有 64KB,这要求用 DPTR 数据指针访问数据。

表 A.3 存储器类型及其说明

存储器类型	说　　明
data	直接访问内部数据存储器(128 字节),访问速度最快
bdata	可位寻址内部数据存储器(16 字节),允许位与字节混合访问
idata	间接访问内部数据存储器(256 字节),允许访问全部内部地址
pdata	分页访问外部数据存储器(256 字节),用 MOVX@Ri 指令访问
xdata	外部数据存储器(64KB),用 MOVX@DPTR 指令访问
code	程序存储器(64KB),用 MOVC @A+DPTR 指令访问

5. 运算符和表达式

运算符是指完成某种特定运算的符号。运算符可分为一元运算符、二元运算符和三元运算符。一元是指需要有一个运算对象,二元是指要求有两个运算对象,三元是指需要要三个运算对象。表达式是由运算及运算对象所组成的具有特定含义的式子。C 语言是一种表达式语言,表达式后面加";"就构成了一个表达式语句。

1) 赋值运算符

"="运算符在 C 语言中的功能是给变量赋值,称为赋值运算符。它的作用就是将数据赋给变量,例如,x=10;。由此可见,利用赋值运算符将一个变量与一个表达式连接起来的式子为赋值表达式,在表达式后面加";"便构成了赋值语句。使用"="的赋值语句格式如下:

变量 = 表达式;

示例如下:

```
a = 0xFF;        //将常数十六进制数 FF 赋给变量 a
b = c = 33;      //同时赋值给变量 b、c
d = e;           //将变量 e 的值赋给变量 d
f = a+b;         //将变量 a+b 的值赋给变量 f
```

由上面的例子可以知道,赋值语句的意义就是先计算出"="右边的表达式的值,然后将得到的值赋给左边的变量。而且右边的表达式可以是一个赋值表达式。

2) 算术运算符

对于 a+b、a/b 这样的表达式大家都很熟悉,用在 C 语言中,+、/就是算术运算符。C51 中的算术运算符有如下几个,其中只有取正值和取负值运算符是一元运算符,其他都是二元运算符。

- +:加或取正值运算符。
- −:减或取负值运算符。
- *:乘法运算符。
- /:除法运算符。
- %:取余运算符。

算术表达式的形式如下。

表达式 1　算术运算符　表达式 2

例如:

a+ b * (10-a)、(x+9)/(y-a)

除法运算符和一般的算术运算规则有所不同,如果是两个浮点数相除,其结果仍为浮点数,例如,20.0/10.0 所得值为 2.0;而两个整数相除时,所得值就是整数,如 7/3 的值为 2。像别的语言一样,C 语言的运算符有优先级和结合性,同样可用括号"()"来改变优先级。

3) ++增量运算符/−−减量运算符

这两个运算符的作用是对运算对象作加 1 和减 1 运算。要注意的是,运算对象在符号前或后,其含义是不同的。例如,I++(或 I−−)是先使用 I 的值,再执行 I+1(或 I−1);++I(或−−I)是先执行 I+1(或 I−1),再使用 I 的值。

增减量运算符只允许用于变量的运算,不能用于常数或表达式。

附录 B

Proteus 仿真软件使用方法

Proteus 是一款电路分析与实物仿真软件。它运行于 Windows 操作系统上，可以仿真、分析（SPICE）各种模拟器件和集成电路，是目前应用广泛的仿真单片机及外围器件的工具。下面以点亮一个发光二极管为例（Proteus 版本是 Proteus 7.5 SP3）简单介绍 Proteus 的使用。

软件安装完成之后，单击→"开始"→"所有程序"→Proteus 7 Professional →ISIS 7 Professional 命令，进入 Proteus ISIS 工作环境。Proteus 软件的启动界面如图 B.1 所示。

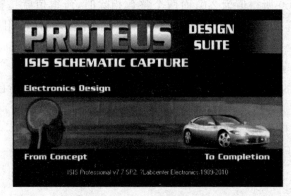

图 B.1　Proteus 软件启动界面

1. Proteus 的工作界面

Proteus 的工作界面是标准的 Windows 界面，包括屏幕上方的标题栏、菜单栏、标准工具栏，屏幕左侧的绘图工具栏、元器件选择按钮、预览对象方位控制按钮、仿真进程控制按钮、预览窗口、对象选择器窗口，屏幕下方的状态栏，以及屏幕中间的图形编辑窗口，如图 B.2 所示。

2. 元器件搜索查找

单击元器件选择按钮 P(pick)，弹出元器件选择对话框，如图 B.3 所示。

在 Keywords 中输入需要的元器件型号或者英文名称，如单片机 AT89C51（Microprocessor AT89C51）、电阻 Resistors。不一定输入完整的名称，输入相应关键字能找到对应的元器件即可。例如，在对话框中输入 89C51，得到如图 B.4 所示的结果。

在出现的搜索结果中双击需要的元器件，如图 B.5 所示，该元器件便会添加到主窗口

附录 B　Proteus 仿真软件使用方法

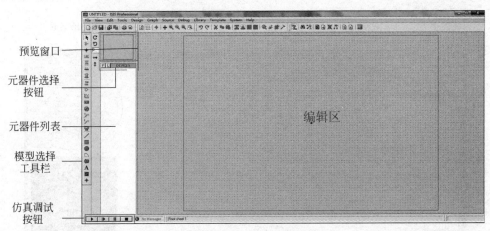

图 B.2　Proteus 的工作界面

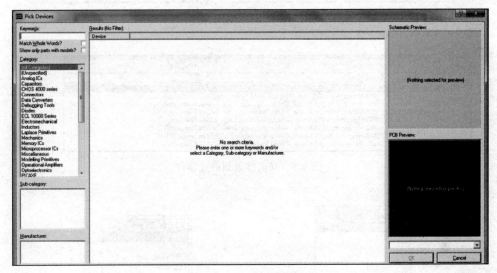

图 B.3　元器件选择对话框

左侧的元器件列表区，如图 B.6 所示。

搜索元器件也可以通过元器件参数进行，例如，要用 30pF 的电容，则可以在 Keywords 对话框中输入 30pF。查找元器件可以参考下面介绍的"Proteus 常用元器件库"。根据前面介绍的方法，查找并添加相关元器件，如图 B.7 所示。

3. 元器件的放置

在元器件列表区选中 AT89C51，把光标移到右侧编辑区中，光标变成铅笔形状。此时单击则编辑区中出现一个 AT89C51 原理图的轮廓图，可以移动，如图 B.8 所示。移动光标到合适的位置后单击，原理图放置完毕，如图 B.9 所示。

依次将查找到的元器件放置到编辑区中的合适位置，如图 B.10 所示。放置元器件的常用操作如下。

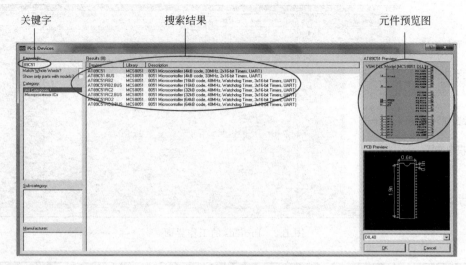

图 B.4　元器件搜索结果

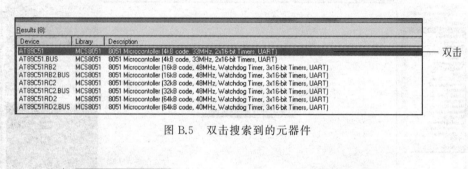

图 B.5　双击搜索到的元器件

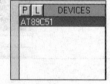 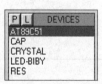

图 B.6　元器件添加完毕　　　　图 B.7　查找搜索的元器件

（1）放置元器件到绘图区。单击列表中的元器件,然后在右侧的绘图区单击,即可将元器件放置到绘图区(每单击一次就绘制一个元器件,在绘图区空白处右击结束这种状态)。

（2）删除元器件。右击元器件一次表示选中(被选中的元器件呈红色),选中后再次右击则可以将其删除。

（3）移动元器件。右击选中元键,然后用左键拖动。

（4）旋转元器件。选中元器件,按数字键盘上的"＋"或"－"能实现 90°旋转。

以上操作也可以通过直接右击元器件,在弹出的菜单中选择相应的命令来完成,如图 B.11 所示。

要放大/缩小电路视图可直接滚动鼠标滚轮,视图会以鼠标指针为中心进行放大/缩

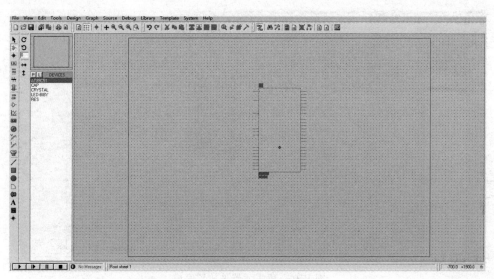

图 B.8 元器件原理图轮廓图

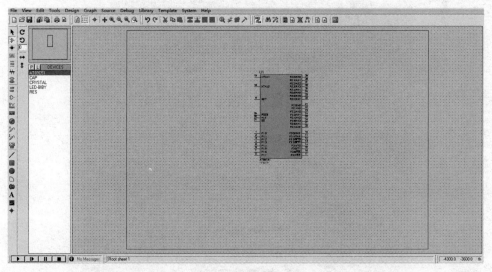

图 B.9 放置原理图

小;绘图编辑窗口没有滚动条,只能通过预览窗口来调节绘图编辑窗口的可视范围。在预览窗口中移动绿色方框的位置即可改变绘图编辑窗口的可视范围,如图 B.12 所示。

4. 元器件连线

将鼠标指针靠近元器件引脚的一端,当铅笔形状变为绿色时,在引脚端部出现红色方框,表示可以连线了。在该点单击,再将鼠标指针移至需要连线的元器件另一端,单击,两点间的线路就画好了。将鼠标指针靠近连线后,双击右键可删除连线。依次连接好所有线路如图 B.13 所示。

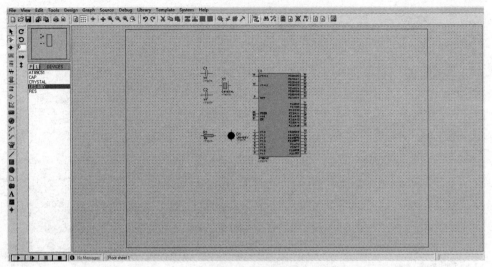

图 B.10　所需元器件放置完成

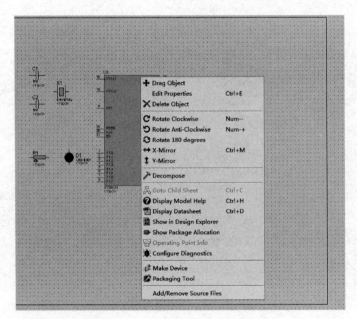

图 B.11　元器件操作快捷菜单

5．添加电源和地

单击模型选择工具栏中的 图标,出现如图 B.14 所示的电源列表,分别选择 POWER(电源)和 GROUND(地极)选项将其添加至绘图区,并连接好线路,如图 B.15 所示。因为 Proteus 中单片机已默认提供电源,所以不用给单片机加电源。

6．编辑元器件参数

双击元器件,将弹出编辑元器件的对话框。双击电容,如图 B.16 所示,将其电容值改为 30pF。

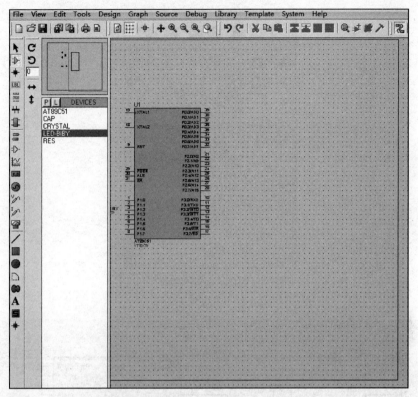

图 B.12 预览窗口改变编辑区可视范围

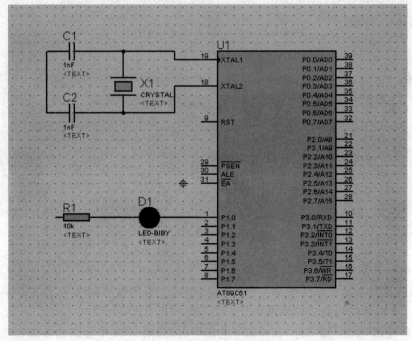

图 B.13 元器件连线图

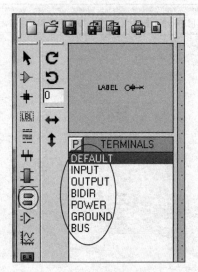

图 B.14　电源列表框

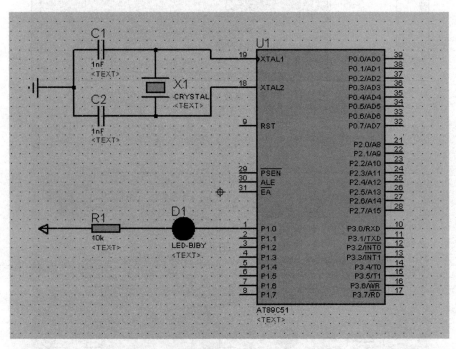

图 B.15　电源和地的连接（Proteus 绘制）

依次设置各元器件的参数,其中晶振频率为 11.0592MHz,电阻阻值为 1kΩ,电源为 +5V。因为发光二极管点亮电流大小为 3mA～10mA,阴极给低电平,阳极接高电平,压降一般在 1.7V,所以电阻值应该是 $(5-1.7)/3.3=1(k\Omega)$。

双击单片机,单击 图标,找到编好的程序(按照附录 A 中介绍的方法创建项目,编译运行),其扩展名为.hex,导入程序,如图 B.17 所示。

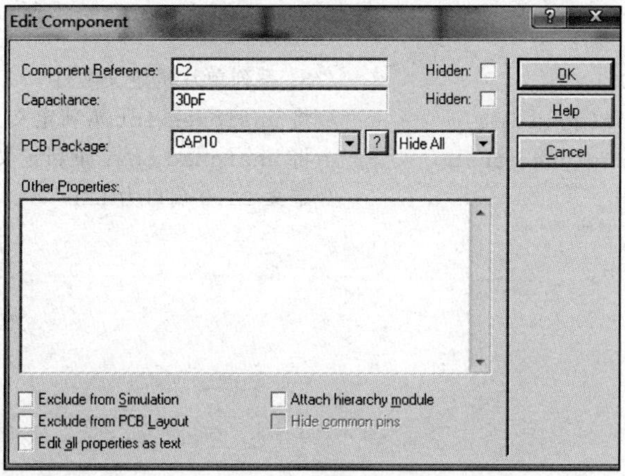

图 B.16 修改电容参数

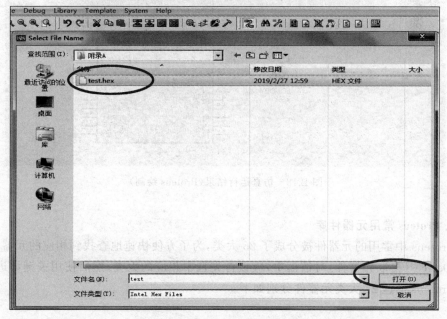

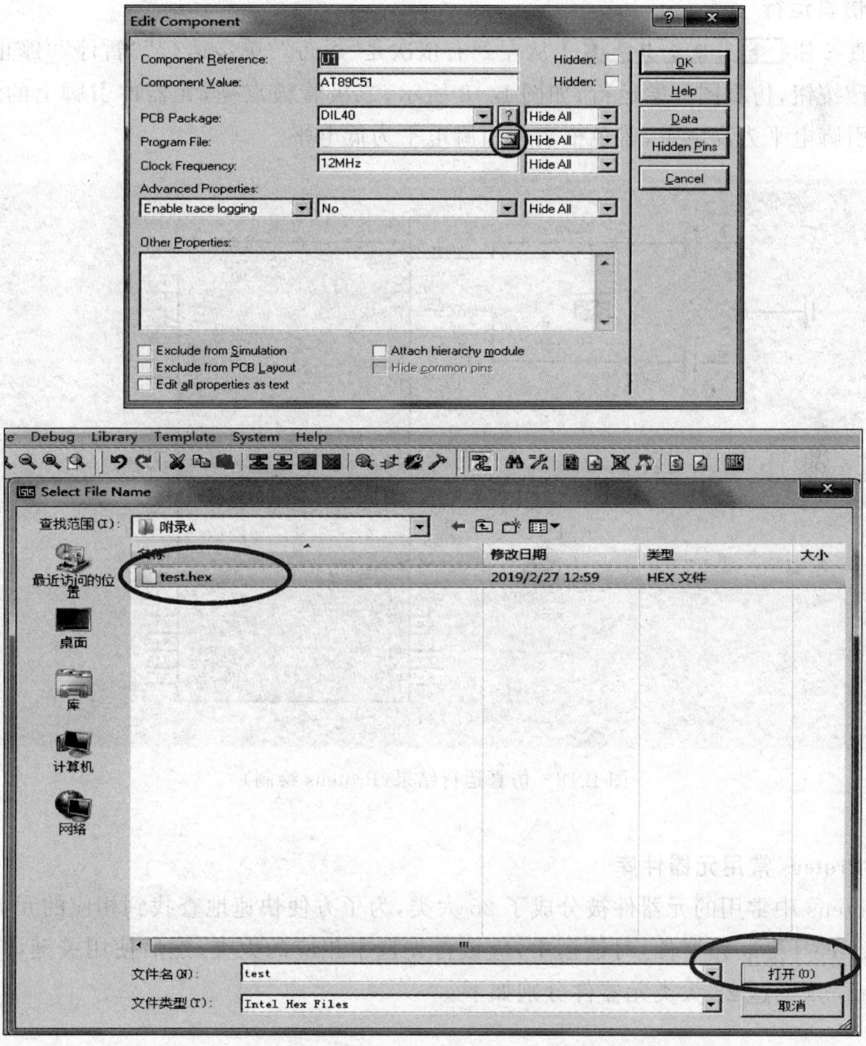

图 B.17 单片机导入程序

程序代码如下。

```c
#include<reg51.h>              //51系列单片机定义文件
#define uint unsigned int      //将 unsigned int 重新定义为 uint
#define uchar unsigned char    //将 unsigned char 重新定义为 uchar
sbit LED = P1^0;               //定义 P1.0 端口为 LED

void main()
{
  while(1)
  {
    LED=0;
  }
}
```

7. 仿真运行

仿真按钮 ▶ ▶| ‖ ■ 从左到右依次是"运行""单步运行""暂停""停止"。单击"运行"按钮，仿真图开始运行，如图 B.18 所示，二极管被点亮，元器件引脚上的红色方框表示引脚电平为高电平，蓝色框表示引脚电平为低电平。

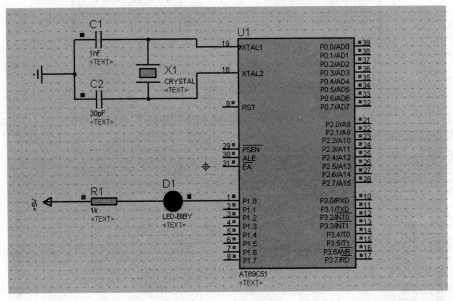

图 B.18　仿真运行结果（Proteus 绘制）

8. Proteus 常用元器件库

Proteus 中常用的元器件被分成了 25 大类，为了方便快速地查找到相应的元器件，在 Pick Devices（拾取元器件）对话框中，应该首先选中相应的大类，然后使用关键词进行搜寻。Proteus 的这 25 大类元器件分别如下。

- Analog ICs   模拟 IC
- CMOS 4000 series   CMOS 4000 系列
- Data Converters   数据转换器
- Diodes   二极管
- Electromechanical   机电设备(只有电机模型)
- Inductors   电感
- Laplace Primitives   Laplace 变换器
- Memory ICs   存储器 IC
- Microprocessor ICs   微处理器 IC
- Miscellaneous   杂类(只有电灯和光敏电阻组成的设备)
- Modelling Primitives   模型基元
- Operational Amplifiers   运算放大器
- Optoelectronics   光电子器件
- Resistors   电阻
- Simulator Primitives   仿真基元
- Switches & Relays   开关和继电器
- Transistors   三极管
- TTL 74、74ALS、74AS、74F、74HC、74HCT、74LS、74S   74 系列集成电路

除此之外,还应熟悉常用元器件的英文名称,列举如下。

- AND   与门
- ANTENNA   天线
- BATTERY   直流电源(电池)
- BELL   铃、钟
- BRIDEG 1   整流桥(二极管)
- BRIDEG 2   整流桥(集成块)
- BUFFER   缓冲器
- BUZZER   蜂鸣器
- CAP   电容
- CAPACITOR   电容
- CAPACITOR POL   有极性电容
- CAPVAR   可调电容
- CIRCUIT BREAKER   熔断丝
- COAX   同轴电缆
- CON   插口
- CRYSTAL   晶振
- DB   并行插口
- DIODE   二极管
- DIODE SCHOTTKY   稳压二极管

- DIODE VARACTOR　　　　变容二极管
- DPY_3-SEG　　　　3 段 LED
- DPY_7-SEG　　　　7 段 LED
- DPY_7-SEG_DP　　　　7 段 LED(带小数点)
- ELECTRO　　　　电解电容
- FUSE　　　　熔断器
- INDUCTOR　　　　电感
- INDUCTOR IRON　　　　带铁芯电感
- INDUCTOR3　　　　可调电感
- JFET N　　　　N 沟道场效应管
- JFET P　　　　P 沟道场效应管
- LAMP　　　　灯泡
- LAMP NEDN　　　　启辉器
- LED　　　　发光二极管
- METER　　　　仪表
- MICROPHONE　　　　话筒(麦克风)
- MOSFET　　　　MOS 管
- MOTOR AC　　　　交流电机
- MOTOR SERVO　　　　伺服电机
- NAND　　　　与非门
- NOR　　　　或非门
- NOT　　　　非门
- NPN　　　　NPN 三极管
- NPN-PHOTO　　　　感光三极管
- OPAMP　　　　运放
- OR　　　　或门
- PHOTO　　　　感光二极管
- PNP　　　　PNP 三极管
- NPN DAR　　　　NPN 三极管
- PNP DAR　　　　PNP 三极管
- POT　　　　滑线变阻器
- PELAY-DPDT　　　　双刀双掷继电器
- RES1.2　　　　电阻
- RES3.4　　　　可变电阻
- POT-LIN　　　　滑动变阻器
- BRIDGE　　　　桥式电阻
- RESPACK　　　　电阻排
- SCR　　　　晶闸管

- PLUG 　　　　　　　　　　插头
- PLUG AC FEMALE 　　　　三相交流插头
- SOCKET 　　　　　　　　插座
- SOURCE CURRENT 　　　　电流源
- SOURCE VOLTAGE 　　　　电压源
- SPEAKER 　　　　　　　　扬声器
- SW 　　　　　　　　　　　开关
- SW-DPDY 　　　　　　　　双刀双掷开关
- SW-SPST 　　　　　　　　单刀单掷开关
- SW-PB 　　　　　　　　　按钮
- THERMISTOR 　　　　　　电热调节器
- TRANS1 　　　　　　　　 变压器
- TRANS2 　　　　　　　　 可调变压器
- TRIAC 　　　　　　　　　三端双向可控硅
- TRIODE 　　　　　　　　 三极真空管
- VARISTOR 　　　　　　　 变阻器
- ZENER 　　　　　　　　　齐纳二极管